国家社会科学基金项目"基于公众健康视角下的区域大气污染联动治理路径及对策研究"（16BGL146）研究成果

GONGZHONG JIANKANG SHIJIAO XIA
QUYU DAQI WURAN
LIANDONG ZHILI JIZHI YANJIU

公众健康视角下区域大气污染联动治理机制研究

薛 俭 赵来军 ◎ 著

中国财经出版传媒集团
经济科学出版社
Economic Science Press

图书在版编目（CIP）数据

公众健康视角下区域大气污染联动治理机制研究 /
薛俭，赵来军著 . —北京：经济科学出版社，2021. 6
ISBN 978 - 7 - 5218 - 2654 - 8

Ⅰ.①公⋯　Ⅱ.①薛⋯ ②赵⋯　Ⅲ.①空气污染 – 污
染防治 – 研究 – 中国　Ⅳ.①X51

中国版本图书馆 CIP 数据核字（2021）第 123354 号

责任编辑：张　燕
责任校对：王京宁
责任印制：王世伟

公众健康视角下区域大气污染联动治理机制研究

薛　俭　赵来军　著

经济科学出版社出版、发行　新华书店经销
社址：北京市海淀区阜成路甲 28 号　邮编：100142
总编部电话：010 - 88191217　发行部电话：010 - 88191522
网址：www. esp. com. cn
电子邮箱：esp@ esp. com. cn
天猫网店：经济科学出版社旗舰店
网址：http://jjkxcbs. tmall. com
固安华明印业有限公司印装
710 × 1000　16 开　13 印张　210000 字
2021 年 9 月第 1 版　2021 年 9 月第 1 次印刷
ISBN 978 - 7 - 5218 - 2654 - 8　定价：69. 00 元

前　言

　　大气污染已经成为当今世界最大的环境健康风险因素之一，成为许多国家乃至全世界关注的焦点。从全球空气污染的地域情况来看，目前主要的空气污染集中在亚洲和非洲，其次是东地中海区域、欧洲和美洲。我国区域性大气污染问题较严重，大范围、持续的雾霾频发，影响了公众健康和城市生产生活秩序。

　　发达国家在大气污染治理过程中逐渐认识到必须尊重大气污染跨界扩散、城市间相互影响的自然规律，区域大气污染协同治理是空气质量改善最有效的模式。自20世纪70年代以来，美国针对一些棘手的跨州大气污染问题，构建跨地域的"空气质量管理特区"或"专业治理委员会"（宁淼等，2012）。借助区域管理机构协调，美国政府将多个污染物与多地区统一管理，有效解决了臭氧和$PM_{2.5}$的污染问题。与此同时，也应看到，美国空气质量控制体系侧重于市场的总量和交易手段，未系统地将环境质量和公众健康损害等纳入其控制目标体系中（Chestnut et al. , 2006；Cohan et al. , 2007）。欧盟的区域大气污染治理主要是通过签署国际条约来推动，如《远程越界空气污染公约》（1979年）、《芬兰赫尔辛基协议》（1985）、《索非亚协议》（1988年）、《日内瓦协议》（1991年）、《奥斯陆协议》（1994年）以及《欧洲绿色新政》（2019）。由于签订国际公约缺乏强制执行的约束力，所以欧盟各国大多通过利益协调手段达成共赢。同时，欧盟颁布一系列大气保护法律法规和制定排放标准来推进区域协同治理工作，如《关于环境空气质量评价与管理指令96/62/EC》《关于环境空气质量和为了欧洲更清洁空气的2008/50/EC指令》，将指令转化为国内的法律或者法令予以贯彻落实，主要侧重于运用行政手段统一治理环境。

中国区域大气污染协同治理可以分为三个阶段。第一阶段：从大气污染属地管理模式到"两控区"的分区域管理，再到华东、华北、东北等六个区域环境保护督查中心设立。第二阶段：局部区域大气污染协同治理的实践，为北京奥运会、上海世博会等开展的区域大气污染协同治理实践积累了有益的经验（Wang et al.，2013）。第三阶段：国家层面的重点区域协同治理长期规划，《关于推进大气污染联防联控工作改善区域空气质量的指导意见》（2010年）、《重点区域大气污染防治"十二五"规划》（2012年）、《大气污染防治行动计划》（2013年）、《中华人民共和国大气污染防治法》（2016年）、《打赢蓝天保卫战三年行动计划》（2018年）等一系列政策文件实施，并在京津冀、长三角等重点区域实施大气污染协同治理。总体而言，近年来，我国大气污染区域协同治理在会议协商、科技合作、联合执法、联合预警等方面取得了很大进展，为全国$PM_{2.5}$年均浓度持续降低发挥了重要作用。随着经济由高速增长阶段转向高质量发展阶段，区域空气质量改善压力增大，但我国目前并未将降低人群健康损害目标纳入当前区域大气污染治理目标体系，而是仅为各省设定减排总量目标并以此作为考核依据。如何推进大气污染系统治理，在考虑公众健康的情况下，完善符合我国国情的区域大气污染联动治理机制，成为经济高质量发展阶段政府必须解决的问题。

本书紧紧围绕我国大气污染联动治理机制目前存在的几个关键问题，充分借鉴欧盟、美国等发达国家和地区以及北京APEC会议前后的大气污染联动治理成功经验，基于文献计量学对国内外实践及相关文献研究进展进行梳理，针对区域大气污染现状、致因及污染特征、区域大气污染联动治理范围及等级，构建了公众健康视角下的区域大气污染联动治理模型和期货交易的公众健康视角下区域大气污染联动治理模型，并以泛京津冀区域为典型示范案例，通过理论分析和实证研究，提出基于公众健康视角下的我国区域大气污染联动治理的路径及对策。研究成果对我国《中华人民共和国大气污染防治法》《"十四五"生态环境保护规划》的实施具有重要的参考意义，为我国重点区域大气污染治理提供了新的治理思路和科学的理论支撑。

本书各章主要研究内容如下。

第1章绪论。简要介绍了公众健康视角下的区域大气污染联动治理的研究背景、研究意义、研究内容、主要学术观点及研究思路。

第 2 章国内外实践及相关文献研究进展。首先梳理了国内外实践进展，然后基于文献计量学，采用统计分析的方法，运用 CiteSpace 软件，分析了该领域的国内外相关研究文献，揭示出该领域当前的研究热点及未来的发展趋势，为后续的研究做好铺垫。

第 3 章区域大气污染现状与致因分析。首先，基于泛京津冀区域 37 个城市的主要污染物浓度数据，采用主成分分析、多元统计回归、灵敏度分析等统计方法及相关分析技术，分析区域内主要城市的首要污染物、污染类型特征、污染物时空分布规律。其次，运用 O – U 模型对区域内中心城市北京市、郑州市、太原市与济南市的空气质量（AQI）进行了模拟及预测。最后，对区域大气污染治理现状及污染致因进行了分析。

第 4 章区域大气污染联动范围及联动等级研究。通过相关性分析、线性回归、聚类分析等方法分别针对单一大气污染物联动治理区域划分及等级评价和多种大气污染物的协同治理区域划分及等级评价进行了研究。

第 5 章基于公众健康视角下的区域大气污染联动治理模型。从系统工程的角度，充分考虑污染物分布特征和不同地市的人口数量、人群分布、人口特征，采用非线性优化理论构建基于公众健康视角下的区域大气污染联动治理模型，并对京津冀区域进行了实证分析。

第 6 章基于期货交易的公众健康视角下区域大气污染联动治理模型。基于金融期货理论和优化理论，构建了基于期货交易的公众健康视角下区域大气污染联动治理模型，并以京津冀区域 SO_2 治理为例进行实证研究。

第 7 章基于公众健康视角下的区域大气污染联动治理路径及对策。总结了本书的主要结论、进一步研究工作的展望；并在此基础上提出具体治理路径及对策。

感谢美国康奈尔大学（Cornell University）的高怀珠教授、复旦大学管理学院的范龙振教授、浙江财经大学的谢玉晶老师对我们的研究给予了很多帮助。同时，感谢陕西科技大学博士生朱迪、杨勇、王陈陈，硕士生陈强强、张文静、吉小琴给予的支持和帮助，特别感谢国家社会科学基金给予资助。

　　本书是在国家社会科学基金项目"基于公众健康视角下的区域大气污染联动治理路径及对策研究"研究报告的基础上整理而成，现将目前取得的一些阶段性研究成果奉献给读者，希望能够推进区域大气污染联动治理理论发展，特别希望能够促进我国大气污染治理的进程，为我国有效应对大气污染治理提供科学指导，助推"十四五"期间我国经济高质量发展。书中如有错误和瑕疵，热忱欢迎读者批评指正并及时反馈给我们，以便我们及时更正。以本书期冀推动区域大气污染联动治理理论与实践的发展。

薛　俭　赵来军

2021 年 6 月

目　　录

第1章 绪 论

1.1 研究背景及意义

大气污染已经成为当今世界最大的环境健康风险因素之一，成为许多国家乃至全世界关注的焦点。自 2013 年以来，重度雾霾不断席卷中国大部分地区，其中京津冀、长三角、东北地区最为严重，中国大气污染呈现出明显的区域性特征，严重影响了公众健康和城市生产生活秩序。

大气污染不仅与急性呼吸道感染和慢性阻塞性肺病等呼吸道疾病有关，还与中风、缺血性心脏病等心血管疾病以及癌症之间存在强有力的关联。现有关于污染与人群健康损害的研究主要集中于污染暴露与死亡、住院、门（急）诊等健康效应之间关系的研究，以及评估某些地区大气污染造成的经济损失或污染治理对人口健康带来的经济效益等。例如，贝伦等（Beelen et al.，2014）基于欧洲 22 个队列研究成果探索了颗粒物污染长期暴露与自然死亡率之间的关系。蒲柏三世等（Pope Ⅲ et al.，2009）评估了美国细颗粒物浓度变化对人口寿命的影响。另外，剂量—反应函数在污染与人群健康损害关系研究领域受到广泛欢迎。谢等（Xie et al.，2011）估计了我国珠三角地区大气颗粒物污染造成的人口健康损失。此外，也有研究针对上海（Li et al.，2004；Voorhees et al.，2014）、北京（Zhang et al.，2007）、太原（Tang et al.，2014）等城市空气质量改善带来的人口健康效益进行评估，还有学者基于荟萃分析（Zhu et al.，2021）、空间特征工程算法（Afgun et al.，2020）等评估污染造成的健康损害。

美国、欧洲等发达国家或地区在工业化、城市化发展过程中也曾遭遇严重空气污染并为此付出惨痛代价。通过长期的经验总结，发达国家或地区逐渐认识到必须尊重大气污染跨界扩散、城市间相互影响的自然规律，必须通过区域大气污染联动治理推进区域大气污染整体改善。

美国的区域大气污染联动治理机制在一个适用于全国的法律框架《清洁大气法》下运行。从20世纪70年代开始，美国国会针对一些棘手的跨州大气污染问题，授权美国环保署在州与州之间构建跨地域的"空气质量管理特区"或"专业治理委员会"。例如，为解决光化学污染和臭氧（O_3）污染问题，南加州海岸4个县区162个城市成立空气质量管理区，制订并实施空气质量管理计划，借助排污许可、检查监测、信息公开与公众参与来保障空气质量达标（宁淼等，2012）。美国空气质量控制体系侧重于市场的总量和交易手段，还没有系统地将环境质量和损害终端的考量纳入其控制目标体系中（Chestnut et al.，2006；Cohan et al.，2007）。

欧盟的区域大气污染治理主要通过签署国际条约来推动。1979年的《远程越界空气污染公约》是欧盟在较大区域范围内处理空气污染问题的第一个官方国际合作机制。1985年欧盟21国在芬兰赫尔辛基签署协议，开始对二氧化硫（SO_2）污染开展跨国的区域联动措施。之后，欧盟各国又相继签订了《索菲亚协议》（1988年）、《日内瓦协议》（1991年）、《奥斯陆协议》（1994年）、《重金属协议》（1998年）。欧盟也通过颁布一系列大气保护法律法规和制定排放标准来推进区域联动治理工作，如《关于环境空气质量评价与管理指令96/62/EC》，欧盟各成员国将大气污染联动治理的指令转化为国内的法令予以贯彻落实，欧盟各国侧重于运用行政手段治理环境。

中国区域大气污染联动治理机制演化大致可以分为三个阶段。第一阶段：从大气污染属地管理模式到"两控区"（酸雨控制区、SO_2污染控制区）的"分区域管理"，再到华东、华北、东北等六个区域环境保护督查中心设立。第二阶段：从区域环境保护督查中心设立到局部区域大气污染联防联控的实践。北京奥运会、上海世博会等大型活动开展的区域大气污染联防联控实践为我国全面开展大气污染区域联动治理积累了有益的经验（Wang et al.，2013）。第三阶段：从局部区域、临时性的实践活动上升到国家层面的重点区域联动治理长期规划，并开始付诸实施。2010 年的《关于推进大气污染联防联控工作改善区域空气质量的指导意见》、2012 年的《重点区域大气污染防治"十二五"规划》，以及 2013 年的《大气污染防治行动计划》，确立了我国区域大气污染联动治理总体思路。京津冀及周边地区、长三角地区分别于 2013 年 10 月、2014 年 1 月开始进行区域大气污染联动治理的实践，但具体的联动内容、措施、执法等方面的长效机制都还不完善，工作进展缓慢。2013 年 10 月，国家计生委印发《2013 年空气污染（雾霾）健康影响监测工作方案》，以解读不同地区人群在不同的时间（如不同季节）与空气污染暴露特征，降低空气污染造成的人群健康损害。

目前，区域大气污染合作治理研究主要以节约区域治污成本、改善空气质量指数（AQI）等作为合作的目标。例如，舍尔邦等（Shaban et al.，1997）以考虑投资成本和运行成本的治污总成本为目标建立区域治污优化模型；里科－拉米雷斯等（Rico-Ramirez et al.，2011）以生产总成本为目标建立工业企业去污优化模型。卡内瓦莱等（Carnevale et al.，2008）以去污成本和 AQI 为目标建立非线性优化模型，对意大利大城市区域的臭氧污染治理进行研究。皮索尼和伏尔塔（Pisoni and Volta，2009）建立了以去污成本和 AQI 为目标的双目标优化模型，并在最优解基础上估算了对人口健康损害的影响。薛等（Xue et al.，2015）考虑各地区成本差异，首次针对我国区域大气污染治理建立了节约区域去污成本的省际合作博弈模型。然而，最大限度降低污染对人群健康的损害才是治污的最根本目的，但这些研究并未考虑将降低人群健康损害纳入区域大气污染治理目标，更未发现以降低人群健康损害作为优化目标进行大气污染区域合作治理建模的相关研究成果。如何借鉴发达国家的经验，在考虑公众健康的情况下，探索适合我国国情的区域大气污染联动治理路径需要深入研究。

1.2　研究任务与内容

本书将充分借鉴欧盟、美国等发达国家或地区以及北京 APEC 会议前后大气污染联防联控的成功经验，基于文献计量学对国内外实践及相关文献研究进展进行梳理，基于公众健康视角以区域大气污染联动治理为研究对象，结合项目组前期研究积累，对区域大气污染现状、致因及污染特征、区域大气污染联动治理范围及等级、公众健康视角下的区域大气污染联动治理模型、期货交易的公众健康视角下区域大气污染联动治理模型、公众健康视角下的区域大气污染联动治理路径及对策六个方面开展研究，并以京津冀区域及周边省份为典型示范案例，通过理论分析和实证研究，提出公众健康视角下的我国区域大气污染联动治理的路径及对策。

（1）国内外实践及相关文献研究进展。

梳理欧盟、美国等发达国家或地区的大气污染联防联控的成功经验，并与我国区域大气污染联动治理机制的三个阶段进行对比。利用 CiteSpace 软件，基于文献计量学，采用统计分析的方法，分析了"区域大气污染""区域大气污染联动治理""区域大气污染与公众健康"等领域的国内外研究现状，从发文量统计、高被引论文、关键词共现分析和突现词分析的角度，共同揭示出该领域当前的研究热点及未来的发展趋势，为进一步研究提供参考。

（2）区域大气污染现状、致因与污染特征分析。

区域大气污染现状调查与污染特征分析是大气污染治理的起点和基础。大气污染现状包括主要污染物的污染现状和主要污染源现状。首先，本书将通过《中国环境年鉴》、环境监测网站、卫星云图以及课题组实地监测，获取各区域内各城市的 SO_2、二氧化氮（NO_2）、细颗粒物（$PM_{2.5}$）、可吸入颗粒物（PM_{10}）、O_3、一氧化碳（CO）的浓度数据，调查六种主要污染物的污染现状。其次，以污染物的日均浓度为分析数据，对以北京为中心、以济南为中心、以郑州为中心和以太原为中心四部分区域的各地区之间的污染相关性以及城市间的污染相关性展开分析。再次，总结区域内城市六种污染物的年度、季度、月度、一周、24 小时和每天的变化规律。最后，采用 O-U 模型对北京市、郑州市、太原市与济南市的 AQI 波动情况进行模拟及预测，并对四个城市大气污染的成因进行分析。

（3）区域大气污染联动范围及联动等级研究。

区域大气污染联动范围及联动等级研究是区域大气污染联动治理的一个关键因素，本书将大气污染物的协同治理区域划分及等级评价研究分为三个步骤：第一，依据污染物日均浓度数据和城市月评价的环境空气质量综合指数，通过相关性分析、线性回归、聚类分析等方法确定协同治理子区域。第二，构建协同治理子区域大气污染程度、平均人口密度、子区域对区域整体污染影响程度和污染治理弹性四个等级评价指标，并采用 TOPSIS – 灰色关联综合评价模型进行等级评价。第三，针对 SO_2、NO_2、PM_{10}、$PM_{2.5}$、CO、O_3 六种污染物，以中国京津冀区域为例进行实证分析，检验该方法的有效性，找到该区域内可联动治理的城市，制定相应的协同等级。

（4）基于公众健康视角下的区域大气污染联动治理模型。

本书将空气污染引起的急性死亡和长期暴露的慢性健康损害，纳入空气质量改善的人群综合健康损害降低函数，然后将降低人群综合健康损害目标纳入区域污染治理目标体系，在构造人群综合健康损害降低函数和污染去除成本函数的基础上，建立区域大气污染联动治理的双目标优化模型，包括三个部分：模型Ⅰ，人群健康损害降低函数的确定，模型评估了京津冀区域因三省市采取措施进行工业 SO_2 治理而减少的区域人群健康损害所实现的货币收益；模型Ⅱ，双目标优化的合作博弈模型，在满足国家设定的区域内联动省市的污染治理任务条件下，建立以降低区域公众健康损害最大化和成本最小化为目标的各省市最优去除率模型；模型Ⅲ，合作治污收益包括区域公众健康损害的降低和治污成本的节约，采用简化的 MCRS 法建立合作收益分配模型，激励区域内各省市合作治污。基于公众健康视角下的区域大气污染联动治理模型有助于实现区域及区域内各省份治理成本、健康损害人数降低共赢的局面。

（5）基于期货交易的公众健康视角下区域大气污染联动治理模型。

本书将期货交易与排污权交易相结合，提供了一种新颖的思路。排污权期货交易是对空气污染治理和公众健康损害的双目标优化，在最小化治理成本的同时，提高联防联控参与者的积极性。排污权期货交易模型包括三个子模型：模型Ⅰ，排污权期货市场分类模型，将排污权期货交易市场划分为不同的类别；模型Ⅱ，买方或卖方市场合作优化模型，对参与交易地区的污染物排放量和去除量进行计算；模型Ⅲ，合作收益分配模型，采用 Shapley 值法将合作收益在合作伙伴之间进行分配，以激发各地区参与联防联控的积极性。为了进一步证明该模型，将所提出的排污权期货交易模型应用于京津冀地区作为案例研究。结果表明,该模型在经济效益和公众健康方面都显著优于属地治理模型。本书的结果也将激发人们对改进联防联控方法的思考,从而对未来的研究做出重大贡献,它也将为未来改善空气质量的计划提供重要的支持。

(6)基于公众健康视角下的区域大气污染联动治理路径及对策研究。

日益严峻、复杂的大气污染问题给我国的经济发展和民众的健康状况带来了巨大的影响,仅仅依靠传统的污染治理手段、治理途径已经难以防范大气污染风险,在市场中急需一种新型工具来联动治理大气污染。结合当前的金融热点与未来的发展趋势,设计涵盖公众健康的大气污染治理的金融衍生产品,是未来我国大气污染联动治理的有力变革方向。鉴于此,通过考虑基于公众健康视角下的区域大气污染联动治理提出合理的路径及对策,综合考虑路径的可行性、执行难度、执行费用等问题,对管理体制、机制、组织、技术、标准、监测体系及法律法规等方面进行全面创新,以适应新的管理模式。

1.3 主要学术观点

(1)欧美等发达国家或地区大气污染治理的长期经验表明,中国可以通过区域大气污染联动治理推进区域空气质量整体改善,减缓公众健康损害。(2)依据区域内每个城市污染物的相关性分布规律,合理划分区域内城市联动范围及联动等级,成为区域大气污染联动治理的关键问题。(3)只有设计出符合公众健康视角下的区域大气污染联动治理的科学合理的激励方案,才可以大幅降低区域大气污染治理成本,从而有利于区域内城市联动治理实施。

1.4 研究思路

本书的基本思路和研究方案以及六个研究内容之间的逻辑关系如图1-1所示。

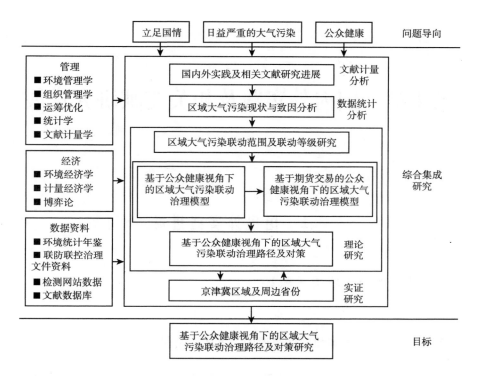

图 1-1 研究思路

第 2 章　国内外实践及相关文献研究进展

2.1　国内外实践进展

2.1.1　国外实践进展概况

2.1.1.1　发达国家和地区遭遇的大气污染及付出的代价

发达国家和地区在其发展过程中也曾遭遇严重雾霾污染并为此付出惨痛代价，20 世纪 50 年代初发生的伦敦烟雾事件的罪魁祸首就是排放到大气中的硫化物。在这次事件中，有 4000 余人在很短的时间内死于呼吸器官疾病和心脏病。1948 年，美国多诺拉镇由于工厂排放的大量 SO_2 等有害气体导致 6000 余人受害。此外，1930 年，比利时马斯河谷烟雾事件导致 63 人死亡；1943 年，美国洛杉矶烟雾事件导致 800 余人死亡，这些事件被列入 20 世纪世界八大公害事件。大量事件表明，美国、欧洲等发达国家和地区在工业化、城市化发展过程中也曾遭遇严重空气污染并为此付出惨痛代价，大气污染对人群健康造成了严重危害。2016 年底，世界卫生组织（WHO）与医学期刊《柳叶刀》（The Lancet）发布的数据显示，仅 2015 年，全球约 280 万人死于室内空气污染，约 420 万人受害于环境空气污染。这组数字十分惊人，因为在同样的时间范围内，烟草致死人数为 700 万人、艾滋病致死人数为 120 万人、结核病致死人数为 110 万人、疟疾致死人数为 70 万人（Global Burden of Disease Study，GBD，2016；Neira and Pruss-Ustun，2016）。2015 年《柳叶刀》

发布的 1980 ~ 2015 年全球寿命预期及死亡原因统计还显示，环境 $PM_{2.5}$ 是 2015 年排名第五的死亡风险因素。环境 $PM_{2.5}$ 造成的死亡人数从 1990 年的 350 万人增加到 2015 年的 420 万人。在 2015 年，暴露于 $PM_{2.5}$ 导致的死亡人数占全球总死亡人数的 7.6%，其中 59% 在东亚和南亚（GBD，2016）。环境危机正在越来越严重地制约经济发展。大气污染已经深度危及能源安全、生态安全、大气环境安全等，对居民的生活质量和健康造成严重影响，甚至威胁人类生存。

这些惨痛教训使发达国家和地区逐渐认识到，必须尊重大气污染跨界扩散、城市间相互影响的自然规律，必须通过区域大气污染联动治理推进区域大气污染整体改善，只有建立大气污染联动治理机制，通过区域合作才能解决各国、各地区的大气污染问题。欧洲各国虽然政治体制不尽相同，但欧盟能够协同控制治理酸雨和大气污染；美国加利福尼亚州通过联动治理才遏制住光化学大气污染。通过多年的总结和完善，目前，欧盟、美国、加拿大等国家和地区都已经建立了完善的大气污染联动治理制度和机制，其中以欧盟做得最为出色，不仅在大气污染联动治理制度方面，构建了环境影响评价制度、排污申报登记制度、排污许可制度、排放权交易制度、大气污染环境税费制度，还建立了区域空气质量检测与评价制度，国家排放上限与核查制度，区、块管理与监督制度，区域环境空气计划与联动治理等。

2.1.1.2　美国的区域大气污染联动治理机制

美国的区域大气污染联动治理机制在一个适用于全国的法律框架《清洁大气法》下运行。自 20 世纪 70 年代以来，美国国会针对一些棘手的跨州大气污染问题，授权美国环保署在州与州之间构建跨地域的"空气质量管理特区"或"专业治理委员会"。例如，为解决光化学污染和 O_3 污染问题，加利福尼亚州南海岸 4 个县区 162 个城市成立空气质量管理区，制定并实施空气质量管理计划，借助排污许可、检查监测、信息公开与公众参与来保障空气质量达标（宁淼等，2012）。美国空气质量控制体系侧重于市场的总量和交易手段，还没有系统地将环境质量和损害终端的考量纳入其控制目标体系中（Chestnut et al.，2006；Cohan et al.，2007）。美国的联动治理机制在大气污染治理过程中起着重要作用。具体体现在两个方面：一是成立了国家级环境保护部门，以及行使其主要职能的区域办公室。1970 年，美国国会成立了环境保护署，把全美分成 10 个大的地理区域，建立 10 个区域办公室，这些区域与普遍接受的地理和社会经济区域一致，也按行政区域划分。二是国家政府及各州创立解决特定大气污染问题的区域和分区域管理办法。20 世纪 70 年代，美国环境保护署建立了一系列区域大气污染联动治理机制，如加利福尼亚州的南海岸空气质量管理区（south coast air quality management district，SCAQMD）、O_3 污染区域管理（ozone transport region，OTR）、能见度保护与区域灰霾管理、其他跨区域传输空气污染问题管理等机制。

2.1.1.3 欧盟的区域大气污染联动治理机制

欧盟的区域大气污染治理主要通过签署国际条约来推动。环境政策主要包括政府直接管制、行政转移支付、税收、排污权交易、金融期货期权等。直接管制手段一直都是环境管理的基本手段，政府明显倾向于借助颁布环境法令法规、强制执行排放标准、颁布许可证和监督制裁来推进区域大气污染联动治理问题。1979 年的《远程越界空气污染公约》是欧盟在较大区域范围内处理空气污染问题的第一个官方国际合作机制。1985 年，欧盟 21 国在芬兰赫尔辛基签署了《赫尔辛基协议》，开始对 SO_2 污染开展跨国的区域联动治理措施，并取得了巨大成功，到 1993 年总体削减了 1980 年 SO_2 排放量的 50% 以上。基于第一轮的成功，欧盟各国又相继签订了《索非亚协议》（1988 年）、《重金属协议》（1998 年）、《日内瓦协议》（1991 年）、《奥斯陆协议》（1994 年）。欧盟也通过颁布一系列大气保护法律法规和制定排放标准来推进区域联动治理工作，如《关于环境空气质量评价与管理指令 96/62/EC》，该指令规定了区域环境空气中的 SO_2、氮氧化物（NO_x）、颗粒物（PM）、CO、O_3、多环芳烃、苯、铅、砷、镉、汞、镍等主要大气污染物的限制，并规定了成员国内检测环境空气污染的网状系统和单独站点的信息与数据相互交换制度；再如 2001/81/EC 指令规定了某些大气污染物的国家排放上限。在考虑最新科学技术发展与成员国经验积累的基础上，2008 年欧盟对诸多已有指令进行修订以便提高管理效率，颁布了《关于环境空气质量和为了欧洲更清洁空气的 2008/50/EC 指令》。欧盟各成员国将上述大气污染联动治理的指令转化为国内的法律或者法令予以贯彻落实，保障欧盟区域范围内的大气环境质量。由此可见，欧盟各成员国推进大气污染联动治理主要依靠法律法规和标准，但是除了这些政府直接管制手段外，却缺乏行政转移支付、税收、排污权交易和金融等具体手段。

2.1.1.4　国外典型的排污权交易市场

金融期货理论在污染治理中也得到广泛应用。美国芝加哥气候期货交易所（Chicago Climate Exchange，CCX）是世界上第一家环境衍生品交易所，于 2003 年开始从事 SO_2 和 NO_x 的排污权期货与期权交易业务。2005 年欧洲气候交易所（European Climate Exchange，ECX）也开始推出主要大气污染物排污权期货和期权交易业务，其交易的产品主要是碳排放权。同时 ECX 也是欧盟最大的碳排放权交易场所。近年来，随着交易市场的不断发展及金融资本的介入，ECX 的交易方式不只局限于碳排放权，逐渐衍生出了以碳排放权为标的的金融衍生品，如碳排放权期货、碳排放权期权、碳排放权互换等。这不仅促进了碳排放权交易市场成熟，还丰富了金融工具市场的类型。国外排污权交易市场的发展已经相对成熟，具有交易品种多样化、参与主体多元化、交易方式成熟的特点，对全球大气污染及温室气体减排做出了很大的贡献。

从目前国外的实践进展来看，欧洲、美国的大气污染联动治理工作走在世界前列。其中，欧洲的大气污染联动治理工作不仅开展得早，而且颁布的大气污染联动治理法令和排放标准齐全且完备，污染治理效果明显。欧洲普遍采用总量控制、总量分配和指定减排计划的直接管制手段，对于任何直接违反大气污染防治指令的行为或者以某种借口不履行义务的国家，欧洲委员会都有权进行调查，并且有权就违法事项向欧洲法院起诉。但值得注意的是，由于欧盟各成员国之间缺乏经济手段或市场调节手段，欧洲的减排协议往往是各国协商后的利益妥协结果，各国的减排目标往往是对于本国的最优结果，却不一定是对整个欧盟的最优结果。美国在大气排污权交易方面的实践做得较好，但主要在企业间展开，由于美国的法律制度问题，缺乏各州之间大范围污染联动治理的具体实施办法。

2.1.2 我国实践进展概况

2.1.2.1 我国大气污染现状及措施

20 世纪末到 21 世纪初，随着我国经济社会的快速发展，对自然资源的消耗不断增加，粗放型经济发展模式还处于转型升级阶段，由此引起的环境污染问题日益凸显，大气污染的区域性特征日益明显，以 O_3、$PM_{2.5}$ 和酸雨为特征的区域性复合型大气污染较为突出，对人民群众的身体健康和生态安全造成了威胁，大气污染治理成为当前迫切需要解决的环境问题。

我国曾多年出现大范围的雾霾天气，影响了公众健康，冲击了城市正常的生产生活秩序，引起了各级政府和广大民众的高度关注。如何有效破解"雾霾锁城"困局是亟待解决的重大社会问题。其实，政府已经认识到我国大气污染呈现出污染复合型和区域性的特点。我国大气污染治理经历了一个循序渐进的过程，与欧盟成员国家一样，政府的直接管制手段仍然是我国的基本环境管理办法。2010 年 5 月 11 日，国务院办公厅转发了环境保护部、国家发展和改革委员会等九部委共同制定的《关于推进大气污染联防联控工作改善区域空气质量的指导意见》，力图打破行政区域的界限，以大气环境功能区域为单元，让区域内的省、市之间从区域整体需要出发，统筹资源，形成合力，通过区域联防联控机制解决区域性复合型大气污染问题，并提出 2015 年建立大气污染联防联控机制的时间表。2012 年，中国工程院郝吉明院士在接受《瞭望东方周刊》采访时强调，"不仅京津冀地区需要联防联控，我认为中国整个东部地区都要实现联防联控"（葛江涛，2012）。2013 年，郝吉明院士再次强调，"我国大气质量控制和治理已不是一城一地一个行业的事，必须区域联动、区域联合治理"（王乐，2013）。2013 年 6 月 14 日，国务院召开常务会议，部署大气污染防治十条措施，简称"治污国十条"，其中明确提到要建立京津冀、长三角、珠三角等区域联防联控机制，构建对各省（自治区、直辖市）的大气环境整治目标责任考核体系（张航，2013）。制定严格的排放标准，2015 年 4 月，环境保护部指定并会同国家质量监督检验检疫总局发布《石油炼制工业污染物排放标准》（GB 31570 – 2015）、《石油化学工业污染物排放标准》（GB 31571 – 2015）、《合成树脂工业污染物排放标准》（GB 31572 – 2015）、《无机化学工业污染物排放标准》（GB 31573 – 2015）、《再生铜、铝、铅、锌工业污染物排放标准》（GB 31574 – 2015）和《火葬场大气污染物排放标准》（GB 13801 – 2015）六项国家大气污染物排放标准。至此，"治污国十条"要求制定大气污染物特别排放限值的 25 项重点行业排放标准已全部完成。2016 年，全国人民代表大会常务委员会通过的《中华人民共和国环境保护税法》于 2018 年 1 月 1 日全面实施，实现了排污"费"改"税"，这是我国首个明确以环境保护为目标的独立型绿色税种。2019 年，生态环境部印发的《2019 年全国大气污染防治工作要点》，明确了 9 个方面的工作，提出全国未达标城市 $PM_{2.5}$ 年均浓度同比下降 2%，地级及以上城市平均优良天数比率达到 79.4%，全国 SO_2、NO_x 排放总量同比削减 3%。其实，我国早在 2008 年北京奥运会、2010 年上海世博会、2010 年广州亚运会等大型活动期间就已经开展了部分区域大气污染联动治理机制的实践，华北六省（市）、长三角三省（市）和珠三角地区打破行政界限，实施省际联合、部门联动、齐抓共管、密切配合、全面开展 SO_2、NO_x、PM 和挥发性有机物（volatile organic compounds，VOC）的综合控制，兑现了绿色奥运、绿色世博和绿色亚运的承诺。

2.1.2.2　我国区域大气污染联动治理机制及其存在的问题

我国区域大气污染联动治理机制演化大致可以分为三个阶段。第一阶段：从大气污染属地管理模式到"两控区"（酸雨控制区、SO_2 污染控制区）的"分区域管理"，再到华东、华北、东北等六个区域环境保护督查中心设立。第二阶段：从区域环境保护督查中心设立到局部区域大气污染联防联控的实践。北京奥运会、上海世博会等大型赛事开展的区域大气污染联防联控实践为我国全面开展大气污染区域联动治理积累了有益的经验（Wang et al.，2013）。第三阶段：从局部区域、临时性的实践活动上升到国家层面的重点区域联动治理长期规划，并开始付诸实施。2010 年的《关于推进大气污染联防联控工作改善区域空气质量的指导意见》、2012 年的《重点区域大气污染防治"十二五"规划》，以及2013年的《大气污染防治行动计划》，确立了我国区域大气污染联动治理总体思路。京津冀及周边地区、长三角地区分别于2013年10月、2014年1月开始进行区域大气污染联动治理的实践，但具体的联动内容、措施、执法等方面的长效机制还不完善，工作进展缓慢。2013年10月，国家计生委印发《2013年空气污染（雾霾）健康影响监测工作方案》，以解读不同地区人群在不同的时间（如不同季节）与空气污染暴露特征，降低空气污染造成的人群健康损害。

与发达国家和地区相比，我国实施大气污染区域联动治理更加复杂、难度更大。《中华人民共和国环境保护法》《中华人民共和国大气污染防治法》都明确规定了我国目前实施属地管理为主的环境管理体制，地方各级人民政府对本辖区的大气环境质量负责，指定规划，采取措施，使本辖区的大气环境质量达到规定的标准。2015年修订，于2016年1月1日开始实施的《中华人民共和国大气污染防治法》第八十六条规定：国家建立重点区域大气污染联动治理机制，统筹协调重点区域内大气污染防治工作。国务院环境保护主管部门根据主体功能区划、区域大气环境质量状况和大气污染传输扩散规律，划定国家大气污染防治重点区域，报国务院批准。重点区域内有关省、自治区、直辖市人民政府应当确定牵头的地方人民政府，定期召开联席会议，按照统一规划、统一标准、统一检测、统一防治措施的要求，开展大气污染联动治理，落实大气污染防治目标责任。国务院环境保护主管部门应当加强指导、督促。省、自治区、直辖市可以参照第一款规定划定本行政区域的大气污染防治重点区域。无论《中华人民共和国环境保护法》还是2016年1月1日开始实施的《中华人民共和国大气污染防治法》都缺乏区域之间大气污染联动治理的具体规定，如省际的区域性大气污染防治法律制度、省际统一的大气质量评价制度、省际的信息通告与报告机制、省际污染补偿制度等。由于缺乏省际大气污染联动治理协调法律制度和经济激励机制，各省市也就缺乏开展大气污染联动治理的动力。北京奥运会、上海世博会等期间开展的一些区域大气污染联动治理措施只是在行政命令下的应急管理措施，奥运会、世博会结束后，这些联动治理措施都不再继续实施。虽然2010年环境保护部等九部委发布的《关于推进大气污染联防联控工作改善区域空气质量的指导意见》力图开展大气污染区域联动治理，但同样由于缺乏相关的法律制度和经济激励机制，实施起来困难重重，进展效果甚微。如何促使各省市开展联动治理越来越重要，没有良好的机制，没有科学的制度和可行的政策，很难调动各省份合作治污的积极性。各省份污染治理依旧各自为政，不仅无法统筹优化整个区域的社会资源和环境资源，形成治污合力，而且导致整个区域治污成本增加，无法完成重点区域大气污染防治规划的污染物去除指标，最终将使区域大气污染联动治理工程失败，各省份十面"霾伏"的局面将不断重演。因此，如何借鉴发达国家和地区的经验，在考虑公众健康的视角下，符合我国国情的区域大气污染联动治理路径亟须深入研究。

2.1.2.3　我国典型的排污权交易市场

国内典型的排污权交易市场主要包括：（1）北京环境交易所（CBEEX）即"环交所"，是由生态环境部和北京市政府组织并批准成立的专业性节能减排、环境产权交易平台。在全球变暖及大气污染日趋严重的背景下，定位于绿色、低碳等特点，旨在充分发挥市场机制的调节作用，有效解决温室气体及大气污染物排放等问题，实现经济的绿色可持续发展。同时 CBEEX 也是重要的碳金融、大气污染排污权衍生工具的试点平台。CBEEX 主要业务包括：为国内环保企业提供节能减排技术支持，为节能环保项目融资；运用市场化手段（如排污权交易）进行污染减排；为环保企业提供清洁发展机制（CDM）项目信息服务等。环交所主要交易产品包括环保技术和设备交易、环保类资产（如环境类股权）交易以及排污权等。环交所是公司制交易平台，其组织结构中以股东大会为首，下设有顾问委员会、董事会、监事会等机构，底层共设有 14 个细分部门。（2）上海环境能源交易所（SEEE）是上海首家由政府批准设立的环境能源类交易平台。目前，SEEE 从事的业务主要包括碳排放权交易、中国核证自愿减排量交易、碳排放远期产品交易、排污权交易、碳金融和碳咨询服务等。在大气污染物排污权交易方面 SEEE 也在积极探索，深入拓展排污权、节能量等方面的创新模式，加快推进我国绿色经济的发展。此外，在组织结构方面，SEEE 目前拥有 22 个会员单位，主要是由能源企业与投资公司组成。在内部组织结构方面，以董事长为首，其下设立总经理及副总经理对相关下属机构进行管理。当前，SEEE 在政府相关部门的指导支持下，充分利用上海国际金融中心的区位优势，积极参与全国排污权交易市场建设工作，努力加快碳衍生品和碳金融的发展，以及排污权、节能量的创新工作。（3）天津排放权交易所（TCX），简称"天交所"，是首家基于市场化机制推出排污权交易的综合性平台。TCX 的设立旨在帮助环保类企业以较低的成本、较高的效率实现污染物的减排，同时也为环保企业提供透明的排污权交易价格及金融创新产品，为企业在污染物减排、环境风险管理等方面提供全方位的指导，满足环保企业日益增长的环保信息披露要求。成立至今，TCX 与工业、能源、金融等多领域机构充分展开合作，就主要大气污染物排放权如化学需氧量排放权、SO_2 排放权进行交易，共同促进交易平台的发展。TCX 交易的产品主要涉及碳排放权和主要大气污染物排污权交易。除此之外，TCX 还为合作企业提供能源保护咨询服务及产品开发等服务。在组织机构方面，TCX 同样是企业制的管理模式，以董事会为首，下设监事会等七个细分部门。

相比国外成熟的排污权交易市场，国内排污权交易的实施开始较晚，国内排污权交易市场尚处于探索阶段。1994 年，包头、开远、太原、柳州、平顶山、贵阳、本溪、南通、上海和天津等城市最早进行了排放指标交易实践，主要针对 SO_2、氟等污染物，但这些交易都比较分散，基本不属于严格意义的排放指标交易。从 2000 年开始，我国对部分地区试行企业间的排污权交易，其后又发布了一系列规章制度。2002 年 9 月，国务院批准实施的《两控区酸雨和二氧化硫污染防治"十五"规划》明确提出在我国试行 SO_2 排污交易制度，并在上海、江苏、山东、河南、山西、天津、柳州七省市进行了示范。2007 年发布的《节能减排工作综合性方案》和《国家"十一五"环境保护规划》，其出发点都是鼓励各地区探索排污权交易制度（王金南等，2008）。

目前，国内的大气污染及温室气体减排方式主要集中于自上而下的直接管控模式，基于市场化手段的治理方式尚不成熟，存在一系列问题。然而，虽然国内排污权交易市场处于起步阶段，存在交易品种单一、参与主体权责不清等问题，但随着我国环保技术能力的提升，加之政府对于排污权交易的大力支持，我国的排污权交易市场具有较大的发展潜力。此外，借鉴目前成熟的碳排放权交易机制，我国目前正逐步推出大气污染物排放权交易产品，且随着金融市场的日趋完善，将进一步实现排污权交易同金融工具的融合，有效发挥金融的市场调控能力，运用排污权交易的市场化手段解决大气污染及温室气体排放问题。

2.2 国内外相关文献研究

本节将利用 CiteSpace 软件，基于文献计量学，采用统计分析的方法，分析"区域大气污染""区域大气污染联动治理""区域大气污染与公众健康"等领域的国内外研究现状，从发文量统计、高被引论文、关键词共现分析和突现词分析的角度，共同揭示出该领域当前的研究热点及未来的发展趋势，为进一步研究提供参考。

2.2.1 "区域大气污染"的相关研究综述

中国经济的快速发展，加速了工业化、城市化的进程，同时带来了大规模的大气污染，逐渐恶化的空气质量已经对人们的健康生活与生产活动造成了威胁，大气污染成为我国乃至全世界关注的环境问题，也引起了政府部门、学术界和社会公众的普遍关注。

截至 2020 年 4 月 1 日，在中国知网（China National Knowledge Infrastructure，CNKI）数据库中以"空气污染"或"大气污染"为主题词的文献共有 29635 篇，其中，中国社会科学引文索引（Chinese Social Sciences Citation Index，CSSCI）共有 1673 篇，在 Web of science 核心合集数据库中以"air pollution"为主题词的文献共有 61696 篇，国内外文献按年度分布如图 2 – 1 所示。由图 2 – 1 中可以发现：（1）有关大气污染方面的研究总量较多，2007 年以后，国内有关大气污染的文献数量远低于国际文献数量，且国内期刊文献中高质量的 CSSCI 文献较少。（2）总体来看，国际期刊中与大气污染相关的文献数量普遍呈增加趋势，其中，2007 年国际期刊文献数量骤增并超过了国内期刊，近几年国际期刊中与大气污染相关的文献数量快速增长并达到最高峰，表明 2007 年之后国外学术界逐渐关注并重视大气污染问题。（3）中文期刊中有关大气污染方面的研究大致可分为三个阶段。2012 年之前，发文数量较少，相关研究处于萌芽阶段；2013～2014 年，发文数量呈指数增长趋势，相关研究处于繁荣阶段，这与 2013 年国家提出大气联防联控治理思路，以及京津冀、长三角、珠三角等地区先后启动大气污染联防联控治理机制有关；2014 年之后，发文数量相对稳定，相关研究处于成熟阶段。

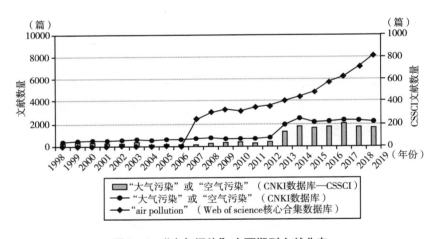

图 2 – 1　"大气污染"方面期刊文献分布

资料来源：CNKI 和 Web of science 数据库，检索日期为 2020 年 4 月 1 日。

在 CNKI 数据库与"大气污染"相关的 CSSCI 文献中，除"大气污染"和"空气污染"之外，出现频次最多的前 15 个关键词如图 2 – 2 所示。可将高频关键词分为如下三类：（1）表示地区范围的"京津冀"。（2）表示污染因子的"雾霾"和"$PM_{2.5}$"，这是因为京津冀地区雾霾天气频发引起了学术界的广泛关注。（3）反映研究主题的高频关键词：一是围绕空气质量改善情况，分析大气污染的防治措施与治理方法，涉及的关键词有"大气污染防治""环境治理""联防联控"等；二是探究大气污染与经济增长之间的关系，涉及的关键词有"经济增长""环境库兹涅茨曲线"等。

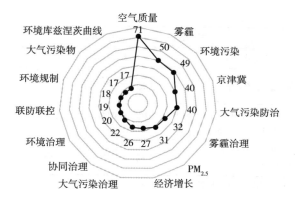

图 2 - 2　CNKI 数据库中与"大气污染"相关的 CSSCI 期刊文献的高频关键词
资料来源：CNKI 数据库，检索日期为 2020 年 4 月 1 日。

在 CNKI 数据库与"大气污染"相关的期刊文献中，分别得到 1998～2012年和 2013～2019 年引用频次前 3 位的文献信息，统计结果如表 2 - 1 所示。1998～2012 年和 2012～2019 年引用频次最高的文献都研究了大气污染与经济增长之间的关系，采用统计分析方法得出了我国环境库兹涅茨曲线的形状（陆虹，2000；王敏和黄滢，2015）。此外，1998～2012 年的高被引文献中，王灿发（2003）定性分析了我国现行环境保护管理体制立法存在的主要问题，提出了完善相关法律法规的途径与建议。郑易生等（1999）分别估算了水污染、大气污染、固体废物和其他污染物造成的经济损失和健康损失。2013～2019 年的高被引文献中，周兆媛等（2014）运用运筹学方法分析了空气污染指数（API）与各气象要素的关系，研究发现，气压、气温、降水量、相对湿度与空气总质量的关系密切。李树和陈刚（2013）利用双重差分法得出，《大气污染防治法》（APPCL2000）的修订显著提高了我国工业行业的全要素生产率。

表 2 - 1　　国内期刊文献中"大气污染"方面的高被引论文

时间跨度：1998～2012 年				
序号	文献名称	作者	期刊名称	发表年份	被引频次
1	中国环境问题与经济发展的关系分析——以大气污染为例	陆虹	财经研究	2010	434
2	论我国环境管制体制立法存在的问题及其完善途径	王灿发	政法论坛	2003	340
3	90 年代中期我国环境污染经济损失估算	郑易生、阎林、钱薏红	管理世界	1999	219

续表

时间跨度：2013～2019 年

序号	文献名称	作者	期刊名称	发表年份	被引频次
1	中国的环境污染与经济增长	王敏、黄滢	经济学（季刊）	2015	292
2	京津冀地区气象要素对空气质量的影响及未来变化趋势分析	周兆媛、张时煌、高庆先等	资源科学	2014	173
3	环境管制与生产率增长——以APPCL2000 的修订为例	李树、陈刚	经济研究	2013	156

资料来源：CNKI 数据库，检索日期为 2020 年 4 月 1 日。

根据上述分析，可将国内学者对"大气污染"的研究概括为以下三个方面。

（1）大气污染与经济增长的关系。相关研究主要基于环境库兹涅茨曲线理论，针对部分省份或区域对人均 GDP 和大气污染排放量进行相关性分析，探究两者的关系是否符合环境库兹涅茨曲线（李玉平等，2017；王敏和黄滢，2015；李斌和李拓，2014）。

（2）大气污染的现状与发展、特征与成因、改善与治理。部分学者对我国空气污染的暴发特征进行了分析，发现空气质量呈现出明显的区域性（张向敏等，2020）、时空性（程钰等，2019）、季节性（张惠娥等，2017）等特征。部分学者研究了我国大气污染的影响因素，包括亚太价值链嵌入（张志明等，2020）、城镇化（姜晓晖，2019）、能源强度（赵立祥和赵容，2019）、交通设施（孙传旺等，2019）、法规政策（王恰和郑世林，2019）、省际贸易（薛俭等，2020）等。此外，还有部分学者评估了大气污染的治理效应，设计了区域大气污染联动治理方案（胡一凡，2020；胡志高等，2019），涉及的方法主要包括双重差分（宋弘等，2019；薛俭等，2019；薛俭和朱迪，2021）、三重差分（赵志华和吴建南，2020）、空间计量模型（胡宗义和杨振寰，2019）和博弈模型（王红梅等，2019）等。

（3）大气污染造成的影响，包括对公众健康、社会就业、工业生产等方面。严重的空气污染阻碍了城市居民幸福指数的提升，它不仅造成了健康损害（张义和王爱君，2020；马静等，2019；孙猛和芦晓珊，2019）和医疗支出（赵文霞，2020），还对就业选址和人力资本流动（孙伟增等，2019；李明和张亦然，2019）产生了影响，而且间接影响了健康保险法的发展（伍骏骞等，2019）、区域创新能力（罗勇根等，2019）和企业生产效率（李卫兵和张凯霞，2019）等。

在 Web of science 数据库与"大气污染"相关的期刊文献中，得到引用频次位列前5的文献信息，统计结果如表2－2所示，其中有三篇文献研究了大气污染对公众健康的影响，被引频次分别位列第1、第2和第5，相关研究结果显示，多种大气污染物都会对公众健康产生不利的影响，可增加心血管疾病和呼吸道疾病的风险，长期接触人群可能面临过早死亡和预期寿命缩短的威胁（Lim et al.，2012；Brook et al.，2010；Kampa and Castanas，2008）。此外，被引频次位列第3的文献研究发现，清洁能源的使用可以有效降低 CO 和 PM 的排放，从而帮助改善环境（Agarwal，2007），被引频次排名第4位的文献研究了中国 $PM_{2.5}$ 的成因，并提出了相应的治理建议（Huang et al.，2014）。

表2－2　　　　国际期刊文献中"大气污染"方面的高被引论文

序号	文献名称	作者	出版年份	期刊名称	被引频次
1*	1990~2010 年21 个区域 67 个风险因素和风险因素集群导致的疾病和伤害负担的比较风险评估：2010 年全球疾病负担研究的系统分析（A comparative risk assessment of burden of disease and injury attributable to 67 risk factors and risk factor clusters in 21 regions，1990–2010：a systematic analysis for the Global Burden of Disease Study 2010）	利姆等（Lim et al.）	2012	柳叶刀（*The Lancet*）	6051
2	颗粒物空气污染与心血管疾病：美国心脏协会科学声明的更新（Particulate matter air pollution and cardiovascular disease：An update to the scientific statement from the American heart association）	布鲁克等（Brook et al.）	2010	循环（*Circulation*）	2845
3	生物燃料（醇类和生物柴油）作为内燃机燃料的应用［Biofuels（alcohols and biodiesel）applications as fuels for internal combustion engines］	阿加瓦尔（Agarwal）	2007	能源与燃烧科学进展（*Progress in Energy & Combustion Science*）	1634

续表

序号	文献名称	作者	出版年份	期刊名称	被引频次
4*	中国雾霾事件中气溶胶对颗粒物污染的贡献（High secondary aerosol contribution to particulate pollution during haze events in China）	黄等（Huang et al.）	2014	自然（*Nature*）	1530
5	空气污染对人类健康的影响（Human health effects of air pollution）	坎帕和卡斯纳斯（Kampa and Castanas）	2008	环境污染（*Environmental Pollution*）	1387

注：*代表 Web of science 数据库中根据对应领域和出版年份中的高引用阈值所判定的领域中的高被引论文。

资料来源：Web of science 数据库，检索日期为 2020 年 4 月 1 日。

综上所述，国内外关于"大气污染"的研究成果丰富，研究方法多样化，研究内容涉及大气污染的各个方面。但是在大气污染研究的过程中，国内的相关期刊文献具有数量少、质量低的特点，国内高被引论文集中于大气污染与经济发展关系的研究，而国际文献的高被引论文集中于大气污染造成的公共健康问题，与大气污染相关的其他方面仍有很大的研究空间，尤其缺乏针对公共健康损害和大气污染联动治理的系统性研究。

2.2.2 "区域大气污染联动治理"的相关研究综述

截至 2020 年 4 月 3 日，在 CNKI 数据库中以"大气污染"或"空气污染"、"控制"或"防治"或"治理"、"联动"或"联合"或"协作"或"协同"或"合作"构成检索主题词，得到文献 587 篇，其中 CSSCI 文献 167 篇，在 Web of science 核心合集数据库中以"air pollution"、"control"或"govern"或"governance"或"management"和"collaboration"、"cooperation"或"joint"构成检索主题词，得到文献 347 篇，国内外文献按年度分布如图 2-3 所示。由图 2-3 可以发现：（1）从数量分布来看，2012 年以后，该领域的国内期刊文献数量超过国际期刊，但是国内 CSSCI 文献中有关大气污染联动治理的文献较少，国内期刊文献的质量较低。（2）从时间分布来看，国内外的相关研究可以分为两个阶段。2000~2013 年，发文量较少且增长缓慢，该领域的研究处于萌芽阶段。2013~2019 年，发文量增长迅速，该

领域的研究进入繁荣阶段，这与 2013 年 6 月 14 日国务院召开的常务会议关
联密切，会议部署了大气污染防治十条措施，简称"治污国十条"，其中明
确提到要建立京津冀、长三角、珠三角等区域联防联控机制，构建各省
（区、市）的大气环境整治目标责任考核体系。

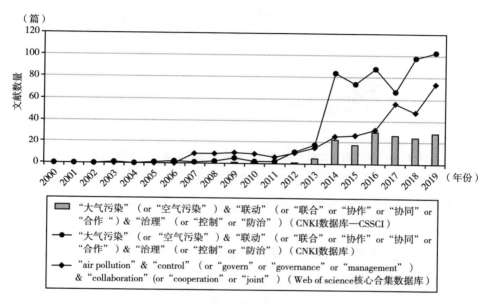

图 2－3　"大气污染联动治理"方面的期刊文献分布

资料来源：CNKI 和 Web of science 数据库，检索日期为 2020 年 4 月 3 日。

关键词是文本重要信息的凝练，代表着最重要、最核心的信息。将相关
的国内期刊文献数据导入 CiteSpace 软件中，将 Node Types 设置为 Keyword，
阈值设置为 T20%，裁减设置为最小生成树（minimum spanning tree，MST），
其余选用默认值，得到国内期刊文献中有关大气污染联动治理的关键词共现
网络图谱，详情如图 2－4 所示，图 2－4 共包含 153 个节点和 509 条连线。
图中节点的大小代表了关键词出现的频次，反映了该节点的重要程度，节点
之间连线粗细代表两个关键词的共现频次，图 2－4 中较大的节点有大气污
染、大气污染防治、京津冀、协同治理、联防联控、大气污染治理、协同控
制、京津冀协同发展等。

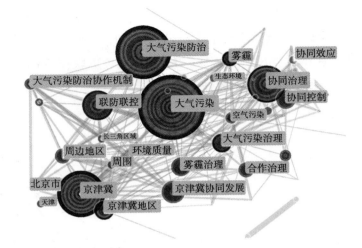

图 2 - 4 国内期刊文献有关大气污染联动治理的关键词共现网络图谱

资料来源：CNKI 数据库，检索日期为 2020 年 4 月 3 日。

目前，国内期刊文献中关于区域大气污染联动治理的研究主要集中在以下三个方面。

（1）空气质量检测与评价方法，污染物来源及污染成分分析，区域大气污染联动治理的可行性研究。

秦娟娟等（2010）、王艳等（2008）、林娜等（2015）通过气象模拟研究得出，大气环流形势对污染过程的发生及传输有显著影响，不同季节气流轨迹的分布差异明显，影响范围各不相同。宁自军等（2020）通过空间计量模型和合作博弈模型也发现 $PM_{2.5}$ 的分布存在时空差异性和季节变动性。赵志华和吴建南（2020）运用三重差分模型研究发现，大气污染联动治理存在时滞，且对不同污染物的减排效果存在差异。李云燕等（2017）、孙蕾和孙绍荣（2017）基于合作博弈模型和模糊博弈 Shapley 值法研究发现，相比属地管理模式，大气污染联动治理更有优势。

（2）区域大气污染联动治理在制度、机制和法律方面的研究成果较多。

李昕（2020）、蒋硕亮和潘玉志（2019）、魏娜和孟庆国（2018）等分析和探讨了区域大气污染联动治理目前存在的问题，提出了完善大气污染联动治理机制，应明确调控原则、健全参与机制、完善治理措施、加强利益平衡、建立科学监督机制、强化信息共享与公开、明确法律责任等。尹珊珊

（2020）、张义等（2019）、康京涛（2016）、谢伟（2016）等探讨了大气污染联动治理法律方面的问题，涉及激励性法律规制、权力协同等。

（3）区域大气污染联动治理的手段研究，主要涉及财税政策等经济手段。

陈诗一和武英涛（2018）强调了环保税制改革在雾霾治理中的作用。周珍等（2017）运用合作博弈模型和区间 Shapley 值法，将社会健康成本因素考虑在内，证实了政府补贴对于京津冀地区雾霾治理的必要性，且在三省合作治理的情况下政府补贴最少。唐湘博和陈晓红（2017）基于双层博弈模型也强调了补偿机制的重要性。刘金科等（2019）认为，在区域大气污染联动治理中各级政府和组织机构发挥了关键作用。此外，少数研究还强调排污权交易等市场手段在区域大气污染联动治理中发挥的作用，潘晓滨（2018）借鉴美国的 RGGI 项目，针对重点的大气污染物，提出将总量控制目标与市场交易机制相融合，并纳入区域大气污染联动治理框架与设计方案之中。

将相关的国际期刊文献数据导入 CiteSpace 软件中，将 Node Types 设置为 Keyword，阈值设置为 T30%，裁减设置为最小生成树（minimum spanning tree，MST），其余选用默认值，得到国际期刊文献中有关大气污染联动治理的关键词共现网络图谱，详情如图 2 - 5 所示，图 2 - 5 共包含 195 个节点和 1099 条连线。图 2 - 5 中较大的节点有大气污染、中国、来源解析、吸入颗粒物、空气质量、$PM_{2.5}$ 等。

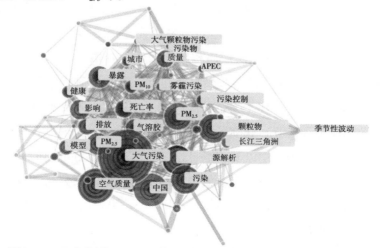

图 2 - 5　国际期刊文献有关大气污染联动治理的关键词共现网络图谱

资料来源：Web of science 数据库，检索日期为 2020 年 4 月 3 日。

通过梳理国际期刊文献发现，部分研究集中在大气污染联动治理的区域和等级划分。例如：王和赵（Wang and Zhao，2018）综合考虑了区域大气污染控制对京津冀地区空气质量的影响，并确定了区域大气污染控制的重点区域和相应的污染控制等级。鲁等（Lu et al.，2019）将我国 31 个省份划分为不同的集群，研究了大气传播与省际贸易的转移关系，并确定了大气污染的重点联动区域。此外，区域大气污染联动治理的研究主要以节约区域治污成本、改善空气质量为合作目标，如卡内瓦莱等（2008）以去污成本和 AQI 为目标建立了非线性优化模型，对北意大利大城市区域的 O_3 污染治理的情况进行研究。皮索尼和伏尔塔（Pisoni and Volta，2009）以去污成本和 AQI 为目标建立了双目标优化模型，并在最优解基础上估算了对人口健康损害的影响。里科-拉米雷斯等（Rico-Ramirez et al.，2011）以生产总成本为目标建立了工业企业去污优化模型。武等（Wu et al.，2015）研究发现，相比于属地管理模式的污染控制，京津冀地区的联合治理策略可以节省区域治污成本。薛等（Xue et al.，2019）和王等（Wang et al.，2019）以去污成本和就业量为目标建立了双目标优化模型。赵等（Zhao et al.，2021）以去污成本和 GDP 为目标建立了双目标优化模型。宋等（Song et al.，2020）基于 2017~2018 年中国大气污染防治行动，将联防联控的核心区域由"2+4"扩展为"2+26"的城市联盟，发现核心区域的扩大有利于改善区域空气质量。

国内外学者在流域水污染联动治理方面开展了大量研究，并且付诸管理实践，可为我国大气污染联动治理的相关研究提供参考。徐松鹤和韩传峰（2019）认为，应当完善纵向与横向相结合的生态补偿激励机制，并根据不同流域的具体情况选择适当的财政转移支付模式和生态补偿分担比例。邱宇等（2018）基于排污权构建了生态补偿模型，并提出了建立流域排污权制度的建议。蔡邦成等（2007）建立了流域生态补偿组合模式模型，将补偿模式分为政府补偿、准市场补偿以及市场补偿三种方式，针对不同的情况进行了补偿模式的组合。针对不同研究对象进行的生态补偿制度分析涉及九洲江流域（王西琴等，2020）、新安江流域（王雨蓉等，2020）、五马河流域（曾贤刚等，2018）、湘江流域（胡东滨和段艳芳，2018）、汾河流域（孟雅丽等，2017）等。此外，赵（Zhao，2009）提出了解决流域跨界水污染的多地区合作治污与利益分配平调模型。赵等（Zhao et al.，2012）提出了解决河流流域跨界水污染纠纷的转移税模型。接着，赵等（Zhao et al.，2013）提出了解决湖泊流域的跨界水污染合作转移税模型。大型流域联动治理的相关研究可为我国区域大气污染联动治理提供借鉴经验。

综上所述，该领域的相关研究并未考虑将人群健康损害纳入，作为区域大气污染的治理目标，很少有以降低人群健康损害作为优化目标来展开大气污染区域合作治理建模的相关研究成果，然而，最大限度降低污染对人群健康的损害才是治污的最根本目的。借鉴发达国家的经验，在考虑公众健康这一因素下，深入研究适合我国国情的区域大气污染联动治理路径是必要的。此外，相关研究大多分析区域大气污染联动治理的经济手段，如排污收费、环境税和财政补贴等，很少有研究考虑运用市场手段，将大气污染的总量控制目标与市场交易机制相结合，将其纳入区域大气污染联动治理框架和设计方案中。

2.2.3 "区域大气污染与公众健康"的相关研究综述

根据 2014 年 3 月 WHO 发布的数据，2012 年全球因室外大气污染引发了370 万人死亡，占总死亡人数的 1/8，其中约 88% 发生在低收入和中等收入国家，且西太平洋区域和东南亚区域的负担最大。2013 年以来，重度雾霾不断席卷中国大部分地区，其中京津冀、长三角、东北地区最为严重，中国大气污染呈现出明显的区域性特征。大范围、长时间的雾霾频发，影响了公众的生命健康和城市生活秩序。

截至 2020 年 4 月 6 日，在 CNKI 数据库中以"大气污染"或"空气污染"、"健康"或"疾病"构成检索主题词，得到文献 2434 篇，其中 CSSCI 文献 155 篇；在 Web of science 核心合集数据库中以"air pollution"和"health"或"disease"构成检索主题词，得到文献 20453 篇，国内外文献按年度分布如图 2-6 所示。可以发现，中文期刊文献数量较少，且始终变化不大。而 2007 年以后，国际期刊文献的数量呈指数增长趋势，且远高于国内期刊文献的数量，表明国际期刊文献"区域大气污染与公众健康"的研究丰富，研究成果较多。

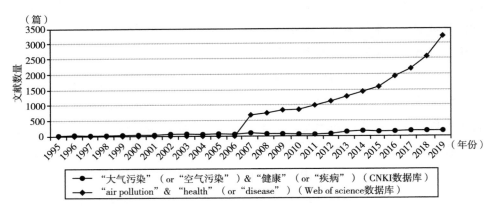

图 2-6 "大气污染与公众健康"方面的期刊文献分布

资料来源：CNKI 和 Web of science 数据库，检索日期为 2020 年 4 月 6 日。

对国际期刊文献的发文国家或地区、发文机构和研究方向进行统计，结果如图 2-7 所示。从国家和机构分布来看，"大气污染与公众健康"领域发文量排名前五的国家（美国、中国、英国、加拿大、意大利）合计占比接近80%，中国仅次于美国排名第二，中国在该领域共发表文献 4595 篇，占比22.47%，其中发文量最多的机构是中国科学院和北京大学，分别发表文献

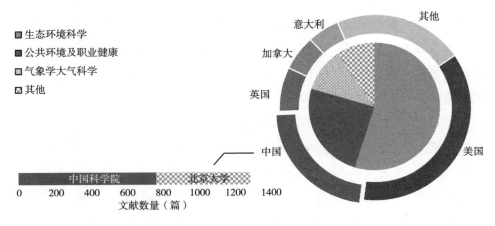

图 2-7 国际期刊文献的国家、机构与研究方向分布

资料来源：Web of science 数据库，检索日期为 2020 年 4 月 6 日。

771 篇和 527 篇，在全球发文机构中分别排名第四和第六，表明我国在该领域的研究成果丰富，位于世界前列。从研究方向来看，相关文献主要集中于生态环境科学，其次是公共环境与职业健康，研究方向呈现环境学、气象学、流行病学等交叉学科趋势。

　　将相关的国际期刊文献数据导入 CiteSpace 软件中，将节点类型（Node Types）设置为关键词（Keyword），阈值设置为 T20%，裁减设置为最小生成树（minimum spanning tree，MST），其余选用默认值，得到国际期刊文献中有关大气污染联动治理的关键词共现网络图谱，详情如图 2 - 8 所示，图 2 - 8 共包含 117 个节点和 523 条连线。图 2 - 8 中较大的节点有大气污染、颗粒物、暴露、健康、死亡率、污染等。

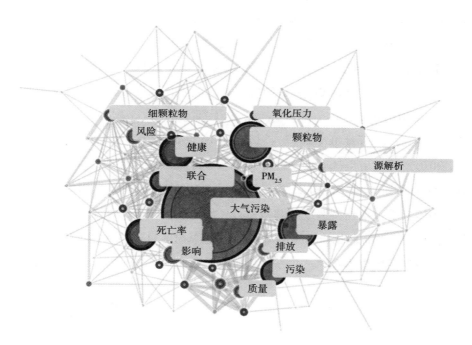

图 2 - 8　国际期刊文献有关大气污染与公众健康的关键词共现网络图谱
资料来源：Web of science 数据库，检索日期为 2020 年 4 月 6 日。

　　大气污染已经成为当今世界最大的环境健康风险因素之一，成为许多发展中国家乃至全世界关注的焦点。大气污染不仅与急性呼吸道感染和慢性阻塞性肺病等呼吸道疾病有关，还与中风、缺血性心脏病等心血管疾病以及癌症之间存在强有力的关联。现有关于污染与人群健康损害的研究主要集中于污染暴露与死亡、入院、门诊、急诊等健康效应终点之间关系的研究，以及评估某些地区大气污染造成的经济损失或污染治理对人口健康带来的经济效益等。例如，罗维拉等（Rovira et al.，2020）评估了污染物水平超过 WHO 标准所造成的死亡率和对健康的影响。蔡等（Tsai et al.，2019）基于亚洲队列研究成果发现，空气污染对亚洲儿童有不良影响，尤其是在婴儿期和儿童期。格里纳斯基（Grineski et al.，2015）研究发现，不同种族和民族对空气污染的敏感性存在异质性。贝伦等（2014）基于欧洲 22 个队列研究成果探索了颗粒物污染长期暴露与自然死亡率之间的关系。蒲柏三世等（2009）评估了美国细颗粒物浓度变化对人口寿命的影响。陈等（Chen et al.，2017）和库尔班等（Kuerban et al.，2020）基于颗粒物浓度的时空变化数据研究了我国大气污染与公众健康的关系。另外，剂量—反应函数在污染与人群健康损害关系研究领域受到广泛欢迎。谢等（Xie et al.，2011）估计了我国珠三角地区大气颗粒物污染造成的人口健康损失。此外，也有研究针对北京（Chen et al.，2020；Ma et al.，2017）、武汉（Yang et al.，2020；Wang et al.，2018）、上海（Lin et al.，2017）、长春（Bai et al.，2020）、香港（Cheung et al.，2020）等城市空气质量改善带来的人口健康效益进行评估，还有学者基于 meta-analysis（Bergmann et al.，2020）、空间广义线性混合模型（Yang et al.，2019）等评估污染造成的健康损害。然而，该领域的相关研究并没有与大气污染联动治理相结合，未将降低人群健康损害目标纳入当前区域大气污染联动治理框架与体系中。

第3章 区域大气污染现状与致因分析

本章内容主要以北京市、天津市、河北省、河南省、山东省、山西省部分区域为例,收集大量的统计数据,分析区域大气污染现状及致因。

3.1 大气污染现状

3.1.1 数据样本内容、时间、空间范围和数据来源

数据来源于《中国环境年鉴》、环境监测网站、卫星云图及课题组实地监测,数据包括 SO_2、NO_2、$PM_{2.5}$、PM_{10}、O_3、CO 六个污染因子浓度,时间涵盖 2014 年 1 月 1 日至 2018 年 12 月 31 日,共计 1826 天,数据细化到每小时。

数据采集内容主要包括北京市 13 个国控点(即美国大使馆、万寿西宫、定陵、东四、天坛、农展馆、官园、海淀区万柳、顺义新城、怀柔镇、昌平镇、奥体中心、古城)每天 24 小时的六种污染因子浓度数据。

此外,还同时记录了京津冀地区以北京为中心的天津市、石家庄市、唐山市、衡水市、保定市、张家口市等 13 个城市;以河南郑州为中心的开封市、安阳市、鹤壁市、濮阳市等 7 个城市;以山东济南为中心的德州市、滨州市、菏泽市、淄博市、潍坊市等 10 个城市;以山西太原为中心的阳泉市、大同市、晋城市等 7 个城市的各国控点发布的六种大气污染物实时浓度数据。

3.1.2　大气污染具有四大特征

首先，PM_{10}对区域核心城市空气的污染非常突出。此次以北京、济南、郑州、太原四个城市为代表作为统计对象，2014 年 1 月 1 日至 2018 年 12 月 31 日期间采集了有效数据样本共计 1826 天。通过对这些城市所在国控点发布的数据进行分析，发现北京市环境空气质量优良天数为 1132 天，AQI 优良率为 62%，期间 694 个污染日中，首要污染物为 PM_{10} 的有 460 天，占比 66.28%；首要污染物为 PM、O_3 的分别占 10.09%、12.97%（见表 3 - 1）。发现济南市环境空气质量优良天数为 922 天，AQI 优良率为 51.17%，期间 880 个污染日中，首要污染物为 PM_{10} 的有 824 天，占比高达 93.64%；首要污染物为 O_3、SO_2 和 NO_2 的分别占 5.91%、0.45% 和 0.00%（见表 3 - 2）。发现郑州市环境空气质量优良天数为 921 天，AQI 优良率为 51.11%，期间 881 个污染日中，首要污染物为 PM_{10} 的有 842 天，占比高达 95.57%；首要污染物为 O_3 和 $PM_{2.5}$ 的分别占 2.5% 和 0.45%（见表 3 - 3）。发现太原市环境空气质量优良天数为 1140 天，AQI 优良率为 62.91%，期间 672 个污染日中，首要污染物为 PM_{10} 的有 567 天，占比高达 84.38%；首要污染物为 SO_2 和 O_3 的，分别占 12.95% 和 1.93%（见表 3 - 4）。

表 3 - 1　2014 年 1 月 1 日至 2018 年 12 月 31 日北京市空气质量统计

空气质量评级（日均 AQI）	各等级天数	各等级占比（%）	首要污染物（天）						
			$PM_{2.5}$	PM_{10}	SO_2	NO_2	O_3	CO	无
优（0~50）	440	24.10	3	53	0	32	313	0	39
良（51~100）	692	37.90	18	370	0	5	232	0	67
轻度（101~150）	340	18.62	16	214	0	0	83	0	27
中度（151~200）	202	11.06	25	135	0	0	7	0	35
重度（201~300）	108	5.91	17	79	0	0	0	0	12
严重（>300）	44	2.41	12	32	0	0	0	0	0
总计	1826	100	91	883	0	37	635	0	258

表 3 - 2　　2014 年 1 月 1 日至 2018 年 12 月 31 日济南市空气质量统计

空气质量评级（日均 AQI）	各等级天数	各等级占比（%）	首要污染物（天）						
			PM$_{2.5}$	PM$_{10}$	SO$_2$	NO$_2$	O$_3$	CO	无
优（0~50）	50	2.77	0	15	0	1	33	0	1
良（51~100）	872	48.39	0	591	1	0	247	0	33
轻度（101~150）	572	31.74	0	516	4	0	52	0	0
中度（151~200）	181	10.04	0	181	0	0	0	0	0
重度（201~300）	100	5.55	0	100	0	0	0	0	0
严重（>300）	27	1.51	0	27	0	0	0	0	0
总计	1802	100	0	1430	5	1	332	0	34

表 3 - 3　　2014 年 1 月 1 日至 2018 年 12 月 31 日郑州市空气质量统计

空气质量评级（日均 AQI）	各等级天数	各等级占比（%）	首要污染物（天）						
			PM$_{2.5}$	PM$_{10}$	SO$_2$	NO$_2$	O$_3$	CO	无
优（0~50）	78	4.33	0	20	1	12	45	0	0
良（51~100）	843	46.78	1	581	0	2	256	0	3
轻度（101~150）	472	26.19	2	445	0	0	22	0	3
中度（151~200）	224	12.43	1	217	0	0	0	0	6
重度（201~300）	148	8.21	0	145	0	0	0	0	3
严重（>300）	37	2.06	1	35	0	0	0	0	2
总计	1802	100	5	1443	1	14	323	0	16

表 3 – 4   2014 年 1 月 1 日至 2018 年 12 月 31 日太原市空气质量统计

空气质量评级 （日均 AQI）	各等级 天数	各等级占比 （%）	首要污染物（天）						
			PM$_{2.5}$	PM$_{10}$	SO$_2$	NO$_2$	O$_3$	CO	无
优（0~50）	156	8.61	0	41	23	12	80	0	0
良（51~100）	984	54.30	0	733	84	0	165	0	2
轻度（101~150）	459	25.33	0	383	59	0	12	0	5
中度（151~200）	138	7.62	0	118	19	0	1	0	0
重度（201~300）	61	3.37	0	52	9	0	0	0	0
严重（>300）	14	0.77	0	14	0	0	0	0	0
总计	1812	100	0	1341	194	12	258	0	7

其次，区域性大气污染特征十分明显。以北京为中心、以济南为中心、以郑州为中心和以太原为中心向周围进行发散。以北京为中心的城市有天津市、石家庄市、保定市、邯郸市、承德市等 12 个；以山东济南为中心的城市有德州市、菏泽市、潍坊市、济宁市等 9 个；以河南郑州为中心的城市有开封市、安阳市、鹤壁市、濮阳市等 6 个；以山西太原为中心的城市有阳泉市、晋城市、大同市等 6 个。

采用 SPSS24.0 统计分析软件计算皮尔逊相关系数，对这四部分区域的大气污染浓度进行相关性分析，样本数据为 2018 年 1 月 1 日至 2018 年 12 月 31 日。统计得到以北京为中心、以济南为中心、以郑州为中心和以太原为中心这四个区域内的各城市间大气污染物浓度的相关系数分别如表 3 – 5 所示。

综合表 3 – 5 不难发现：总体来看，天津市及河北省城市之间的 PM$_{10}$、PM$_{2.5}$、O$_3$、NO$_2$、SO$_2$、CO 的浓度相关性随着城市间的距离增大而减小，这个现象符合空气传输规律，距离越近污染物传输越容易，距离越远传输越困难。比如，北京市与廊坊市 PM$_{10}$ 相关系数高达 0.833，而距离北京市最远的邯郸市相关系数只有 0.479。

表 3 - 5

以北京为中心各城市大气污染相关性

(a) 皮尔逊相关系数——PM$_{10}$

城市（距北京的距离/km）	北京	廊坊	天津	保定	唐山	沧州	张家口	承德	衡水	石家庄	秦皇岛	邢台	邯郸
北京	1												
廊坊（46）	0.833**	1											
天津（113）	0.806**	0.883**	1										
保定（140）	0.765**	0.884**	0.796**	1									
唐山（150）	0.705**	0.912**	0.895**	0.822**	1								
沧州（180）	0.773**	0.761**	0.822**	0.834**	0.747**	1							
张家口（197）	0.749**	0.591**	0.552**	0.454**	0.562**	0.350**	1						
承德（223）	0.686**	0.813**	0.813**	0.686**	0.781**	0.594**	0.715**	1					
衡水（245）	0.616**	0.696**	0.701**	0.806**	0.667**	0.918**	0.315**	0.562**	1				
石家庄（263）	0.676**	0.796**	0.759**	0.893**	0.770**	0.805**	0.445**	0.702**	0.826**	1			
秦皇岛（291）	0.682**	0.822**	0.792**	0.764**	0.861**	0.696**	0.484**	0.714**	0.600**	0.687**	1		
邢台（352）	0.555**	0.708**	0.711**	0.838**	0.682**	0.841**	0.341**	0.610**	0.905**	0.918**	0.625**	1	
邯郸（396）	0.479**	0.641**	0.663**	0.792**	0.619**	0.839**	0.287**	0.532**	0.916**	0.844**	0.551**	0.950**	1

注：城市间距离根据 GPS 全球定位系统直线测距所得，下表同。** 表示在 0.01 水平上显著。

（b）皮尔逊相关系数——$PM_{2.5}$

城市（距北京的距离/km）	北京	廊坊	天津	保定	唐山	沧州	张家口	承德	衡水	石家庄	秦皇岛	邢台	邯郸
北京	1												
廊坊（46）	0.878**	1											
天津（113）	0.761**	0.915**	1										
保定（140）	0.681**	0.862**	0.835**	1									
唐山（150）	0.695**	0.894**	0.940**	0.801**	1								
沧州（180）	0.660**	0.725**	0.821**	0.820**	0.719**	1							
张家口（197）	0.627**	0.610**	0.499**	0.501**	0.540**	0.390**	1						
承德（223）	0.651**	0.795**	0.718**	0.716**	0.720**	0.586**	0.765**	1					
衡水（245）	0.524**	0.665**	0.720**	0.789**	0.656**	0.910**	0.380**	0.573**	1				
石家庄（263）	0.559**	0.732**	0.712**	0.863**	0.709**	0.762**	0.505**	0.712**	0.801**	1			
秦皇岛（291）	0.520**	0.822**	0.856**	0.766**	0.883**	0.698**	0.517**	0.693**	0.610**	0.652**	1		
邢台（352）	0.509**	0.629**	0.653**	0.818**	0.627**	0.808**	0.391**	0.597**	0.896**	0.913**	0.588**	1	
邯郸（396）	0.448**	0.585**	0.641**	0.786**	0.598**	0.825**	0.350**	0.542**	0.909**	0.848**	0.558**	0.956**	1

注：**表示在0.01水平上显著。

（c）皮尔逊相关系数——O$_3$

城市（距北京的距离/km）	北京	廊坊	天津	保定	唐山	沧州	张家口	承德	衡水	石家庄	秦皇岛	邢台	邯郸
北京	1												
廊坊（46）	0.948**	1											
天津（113）	0.893**	0.949**	1										
保定（140）	0.924**	0.944**	0.920**	1									
唐山（150）	0.882**	0.928**	0.948**	0.883**	1								
沧州（180）	0.835**	0.893**	0.946**	0.897**	0.901**	1							
张家口（197）	0.870**	0.829**	0.803**	0.852**	0.763**	0.763**	1						
承德（223）	0.867**	0.847**	0.821**	0.846**	0.829**	0.803**	0.856**	1					
衡水（245）	0.835**	0.880**	0.917**	0.917**	0.868**	0.953**	0.780**	0.790**	1				
石家庄（263）	0.767**	0.873**	0.865**	0.953**	0.819**	0.856**	0.826**	0.788**	0.899**	1			
秦皇岛（291）	0.602**	0.832**	0.853**	0.813**	0.885**	0.835**	0.743**	0.822**	0.800**	0.771**	1		
邢台（352）	0.533**	0.854**	0.862**	0.928**	0.808**	0.867**	0.809**	0.774**	0.913**	0.953**	0.778**	1	
邯郸（396）	0.520**	0.854**	0.873**	0.921**	0.828**	0.892**	0.790**	0.760**	0.940**	0.935**	0.786**	0.970**	1

注：** 表示在 0.01 水平上显著。

(d) 皮尔逊相关系数——NO_2

城市（距北京的距离/km）	北京	廊坊	天津	保定	唐山	沧州	张家口	承德	衡水	石家庄	秦皇岛	邢台	邯郸
北京	1												
廊坊 (46)	0.886**	1											
天津 (113)	0.793**	0.903**	1										
保定 (140)	0.749**	0.881**	0.853**	1									
唐山 (150)	0.727**	0.832**	0.866**	0.741**	1								
沧州 (180)	0.797**	0.759**	0.830**	0.827**	0.642**	1							
张家口 (197)	0.737**	0.608**	0.570**	0.478**	0.594**	0.441**	1						
承德 (223)	0.792**	0.840**	0.779**	0.752**	0.772**	0.641**	0.780**	1					
衡水 (245)	0.703**	0.671**	0.736**	0.804**	0.547**	0.873**	0.339**	0.553**	1				
石家庄 (263)	0.651**	0.827**	0.806**	0.929**	0.697**	0.775**	0.479**	0.733**	0.785**	1			
秦皇岛 (291)	0.654**	0.744**	0.786**	0.704**	0.810**	0.629**	0.503**	0.704**	0.530**	0.700**	1		
邢台 (352)	0.503**	0.671**	0.736**	0.804**	0.547**	0.873**	0.339**	0.553**	1.000**	0.785**	0.530**	1	
邯郸 (396)	0.430**	0.600**	0.626**	0.766**	0.445**	0.759**	0.226**	0.485**	0.855**	0.788**	0.479**	0.855**	1

注：** 表示在 0.01 水平上显著。

（e）皮尔逊相关系数——SO_2

城市（距北京的距离/km）	北京	廊坊	天津	保定	唐山	沧州	张家口	承德	衡水	石家庄	秦皇岛	邢台	邯郸
北京	1												
廊坊（46）	0.804**	1											
天津（113）	0.835**	0.771**	1										
保定（140）	0.763**	0.613**	0.668**	1									
唐山（150）	0.747**	0.523**	0.471**	0.293**	1								
沧州（180）	0.774**	0.602**	0.772**	0.669**	0.367**	1							
张家口（197）	0.696**	0.632**	0.622**	0.562**	0.324**	0.621**	1						
承德（223）	0.757**	0.766**	0.701**	0.613**	0.385**	0.644**	0.700**	1					
衡水（245）	0.606**	0.535**	0.668**	0.627**	0.323**	0.801**	0.478**	0.565**	1				
石家庄（263）	0.691**	0.655**	0.676**	0.730**	0.353**	0.787**	0.637**	0.728**	0.729**	1			
秦皇岛（291）	0.566**	0.605**	0.744**	0.660**	0.278**	0.693**	0.545**	0.687**	0.605**	0.703**	1		
邢台（352）	0.501**	0.576**	0.619**	0.648**	0.337**	0.725**	0.490**	0.631**	0.748**	0.832**	0.587**	1	
邯郸（396）	0.401**	0.343**	0.524**	0.585**	0.235**	0.720**	0.387**	0.431**	0.830**	0.681**	0.529**	0.738**	1

注：** 表示在 0.01 水平上显著。

（f）皮尔逊相关系数——CO

城市（距北京的距离/km）	北京	廊坊	天津	保定	唐山	沧州	张家口	承德	衡水	石家庄	秦皇岛	邢台	邯郸
北京	1												
廊坊（46）	0.877**	1											
天津（113）	0.855**	0.769**	1										
保定（140）	0.897**	0.688**	0.749**	1									
唐山（150）	0.738**	0.670**	0.693**	0.476**	1								
沧州（180）	0.695**	0.603**	0.758**	0.778**	0.472**	1							
张家口（197）	0.677**	0.694**	0.687**	0.695**	0.584**	0.523**	1						
承德（223）	0.741**	0.788**	0.669**	0.723**	0.519**	0.512**	0.633**	1					
衡水（245）	0.646**	0.499**	0.652**	0.795**	0.405**	0.825**	0.327**	0.560**	1				
石家庄（263）	0.618**	0.612**	0.703**	0.875**	0.472**	0.744**	0.484**	0.725**	0.782**	1			
秦皇岛（291）	0.515**	0.491**	0.593**	0.661**	0.253**	0.605**	0.359**	0.571**	0.512**	0.616**	1		
邢台（352）	0.513**	0.535**	0.630**	0.798**	0.364**	0.680**	0.270**	0.585**	0.729**	0.795**	0.623**	1	
邯郸（396）	0.246**	0.285**	0.500**	0.647**	0.253**	0.668**	0.087	0.368**	0.745**	0.634**	0.492**	0.687**	1

注：** 表示在 0.01 水平上显著。

综合表 3 - 6 不难发现：总体来看，河南省城市之间的 PM_{10}、$PM_{2.5}$、O_3、NO_2、SO_2、CO 的浓度相关性随着城市间的距离增大而减小，这个现象符合空气传输规律，距离越近污染物传输越容易，距离越远传输越困难。比如，郑州市与开封市 CO 相关系数高达 0.905，而距离郑州市最远的濮阳市相关系数为 0.746。

表 3 - 6　　　　　以郑州为中心各城市大气污染相关性

(a) 皮尔逊相关系数——PM_{10}

城市（距郑州的距离/km）	郑州	开封	新乡	焦作	鹤壁	安阳	濮阳
郑州	1						
开封（65）	0.869 **	1					
新乡（86）	0.841 **	0.914 **	1				
焦作（87）	0.882 **	0.876 **	0.935 **	1			
鹤壁（144）	0.777 **	0.870 **	0.955 **	0.913 **	1		
安阳（180）	0.700 **	0.769 **	0.741 **	0.682 **	0.777 **	1	
濮阳（218）	0.615 **	0.634 **	0.620 **	0.652 **	0.704 **	0.615 **	1

注：** 表示在 0.01 水平上显著。

(b) 皮尔逊相关系数——$PM_{2.5}$

城市（距郑州的距离/km）	郑州	开封	新乡	焦作	鹤壁	安阳	濮阳
郑州	1						
开封（65）	0.928 **	1					
新乡（86）	0.941 **	0.908 **	1				
焦作（87）	0.843 **	0.850 **	0.929 **	1			
鹤壁（144）	0.817 **	0.875 **	0.959 **	0.908 **	1		
安阳（180）	0.700 **	0.774 **	0.734 **	0.767 **	0.777 **	1	
濮阳（218）	0.606 **	0.638 **	0.617 **	0.638 **	0.716 **	0.715 **	1

注：** 表示在 0.01 水平上显著。

（c）皮尔逊相关系数——O_3

城市（距郑州的距离/km）	郑州	开封	新乡	焦作	鹤壁	安阳	濮阳
郑州	1						
开封（65）	0.953 **	1					
新乡（86）	0.965 **	0.950 **	1				
焦作（87）	0.835 **	0.825 **	0.954 **	1			
鹤壁（144）	0.747 **	0.749 **	0.769 **	0.731 **	1		
安阳（180）	0.745 **	0.833 **	0.759 **	0.821 **	0.882 **	1	
濮阳（218）	0.616 **	0.746 **	0.727 **	0.602 **	0.649 **	0.644 **	1

注：** 表示在 0.01 水平上显著。

（d）皮尔逊相关系数——NO_2

城市（距郑州的距离/km）	郑州	开封	新乡	焦作	鹤壁	安阳	濮阳
郑州	1						
开封（65）	0.968 **	1					
新乡（86）	0.912 **	0.873 **	1				
焦作（87）	0.838 **	0.824 **	0.902 **	1			
鹤壁（144）	0.825 **	0.836 **	0.901 **	0.881 **	1		
安阳（180）	0.871 **	0.875 **	0.899 **	0.863 **	0.935 **	1	
濮阳（218）	0.814 **	0.923 **	0.830 **	0.784 **	0.830 **	0.880 **	1

注：** 表示在 0.01 水平上显著。

（e）皮尔逊相关系数——SO_2

城市（距郑州的距离/km）	郑州	开封	新乡	焦作	鹤壁	安阳	濮阳
郑州	1						
开封（65）	0.879 **	1					
新乡（86）	0.809 **	0.771 **	1				
焦作（87）	0.792 **	0.685 **	0.774 **	1			
鹤壁（144）	0.622 **	0.658 **	0.742 **	0.689 **	1		
安阳（180）	0.692 **	0.646 **	0.709 **	0.802 **	0.811 **	1	
濮阳（218）	0.662 **	0.767 **	0.588 **	0.715 **	0.545 **	0.772 **	1

注：** 表示在 0.01 水平上显著。

(f) 皮尔逊相关系数——CO

城市（距郑州的距离/km)	郑州	开封	新乡	焦作	鹤壁	安阳	濮阳
郑州	1						
开封（65）	0.905**	1					
新乡（86）	0.889**	0.833**	1				
焦作（87）	0.881**	0.832**	0.891**	1			
鹤壁（144）	0.853**	0.810**	0.859**	0.824**	1		
安阳（180）	0.810**	0.777**	0.808**	0.784**	0.872**	1	
濮阳（218）	0.746**	0.873**	0.820**	0.824**	0.821**	0.835**	1

注：** 表示在 0.01 水平上显著。

综合表 3-7 不难发现：总体来看，山西省城市之间的 PM_{10}、$PM_{2.5}$、O_3、NO_2、SO_2、CO 的浓度相关性随着城市间的距离增大而减小，这个现象符合空气传输规律，距离越近污染物传输越容易，距离越远传输越困难。比如，太原市与忻州市 PM_{10} 相关系数高达 0.879，而距离太原市最远的晋城市相关系数为 0.682。

表 3-7　　　　　　　　**以太原为中心各城市大气污染相关性**

(a) 皮尔逊相关系数——PM_{10}

城市（距太原的距离/km)	太原	忻州	阳泉	长治	临汾	大同	晋城
太原	1						
忻州（81）	0.879**	1					
阳泉（114）	0.860**	0.868**	1				
长治（223）	0.700**	0.692**	0.724**	1			
临汾（257）	0.678**	0.703**	0.658**	0.782**	1		
大同（276）	0.726**	0.687**	0.675**	0.454**	0.454**	1	
晋城（304）	0.682**	0.670**	0.710**	0.896**	0.776**	0.443**	1

注：** 表示在 0.01 水平上显著。

（b）皮尔逊相关系数——PM$_{2.5}$

城市（距太原的距离/km）	太原	忻州	阳泉	长治	临汾	大同	晋城
太原	1						
忻州（81）	0.867**	1					
阳泉（114）	0.784**	0.752**	1				
长治（223）	0.614**	0.617**	0.695**	1			
临汾（257）	0.615**	0.626**	0.593**	0.705**	1		
大同（276）	0.609**	0.723**	0.544**	0.400**	0.414**	1	
晋城（304）	0.594**	0.612**	0.702**	0.877**	0.724**	0.391**	1

注：** 表示在 0.01 水平上显著。

（c）皮尔逊相关系数——O$_3$

城市（距太原的距离/km）	太原	忻州	阳泉	长治	临汾	大同	晋城
太原	1						
忻州（81）	0.942**	1					
阳泉（114）	0.923**	0.911**	1				
长治（223）	0.853**	0.838**	0.865**	1			
临汾（257）	0.847**	0.830**	0.836**	0.890**	1		
大同（276）	0.894**	0.919**	0.863**	0.795**	0.799**	1	
晋城（304）	0.837**	0.827**	0.836**	0.909**	0.908**	0.795**	1

注：** 表示在 0.01 水平上显著。

（d）皮尔逊相关系数——NO$_2$

城市（距太原的距离/km）	太原	忻州	阳泉	长治	临汾	大同	晋城
太原	1						
忻州（81）	0.874**	1					
阳泉（114）	0.818**	0.814**	1				
长治（223）	0.633**	0.588**	0.737**	1			
临汾（257）	0.730**	0.679**	0.757**	0.789**	1		
大同（276）	0.787**	0.815**	0.655**	0.477**	0.549**	1	
晋城（304）	0.705**	0.649**	0.708**	0.700**	0.718**	0.514**	1

注：** 表示在 0.01 水平上显著。

(e) 皮尔逊相关系数——SO_2

城市（距太原的距离/km）	太原	忻州	阳泉	长治	临汾	大同	晋城
太原	1						
忻州（81）	0.809**	1					
阳泉（114）	0.852**	0.778**	1				
长治（223）	0.692**	0.656**	0.770**	1			
临汾（257）	0.733**	0.703**	0.775**	0.829**	1		
大同（276）	0.699**	0.755**	0.713**	0.660**	0.576**	1	
晋城（304）	0.613**	0.634**	0.755**	0.805**	0.807**	0.565**	1

注：** 表示在 0.01 水平上显著。

(f) 皮尔逊相关系数——CO

城市（距太原的距离/km）	太原	忻州	阳泉	长治	临汾	大同	晋城
太原	1						
忻州（81）	0.824**	1					
阳泉（114）	0.767**	0.790**	1				
长治（223）	0.771**	0.756**	0.781**	1			
临汾（257）	0.637**	0.623**	0.565**	0.621**	1		
大同（276）	0.562**	0.531**	0.456**	0.440**	0.412**	1	
晋城（304）	0.462**	0.460**	0.454**	0.630**	0.595**	0.415**	1

注：** 表示在 0.01 水平上显著。

综合表3-8不难发现：总体来看，山东省城市之间的PM_{10}、$PM_{2.5}$、O_3、NO_2、SO_2、CO的浓度相关性随着城市间的距离增大而减小，这个现象符合空气传输规律，距离越近污染物传输越容易，距离越远传输越困难。比如，济南市与泰安市PM_{10}相关系数高达0.973，而距离济南市最远的菏泽市相关系数为0.756。

表 3-8　以济南为中心各城市大气污染相关性

(a) 皮尔逊相关系数——PM$_{10}$

城市（距济南的距离/km）	济南	泰安	淄博	聊城	德州	东营	滨州	菏泽	潍坊	济宁
济南	1									
泰安 (80)	0.973**	1								
淄博 (100)	0.934**	0.913**	1							
聊城 (111)	0.905**	0.857**	0.875**	1						
德州 (119)	0.808**	0.748**	0.798**	0.877**	1					
东营 (120)	0.774**	0.791**	0.850**	0.825**	0.845**	1				
滨州 (134)	0.727**	0.805**	0.868**	0.876**	0.906**	0.952**	1			
菏泽 (241)	0.756**	0.801**	0.809**	0.888**	0.719**	0.701**	0.730**	1		
潍坊 (183)	0.643**	0.772**	0.723**	0.730**	0.762**	0.787**	0.849**	0.776**	1	
济宁 (184)	0.657**	0.691**	0.761**	0.754**	0.706**	0.751**	0.761**	0.705**	0.858**	1

注：** 表示在 0.01 水平上显著。

(b) 皮尔逊相关系数——PM$_{2.5}$

城市（距济南的距离/km）	济南	泰安	淄博	聊城	德州	东营	滨州	菏泽	潍坊	济宁
济南	1									
泰安 (80)	0.978**	1								
淄博 (100)	0.934**	0.899**	1							
聊城 (111)	0.913**	0.884**	0.878**	1						
德州 (119)	0.770**	0.725**	0.759**	0.859**	1					

续表

城市（距济南的距离/km）	济南	泰安	淄博	聊城	德州	东营	滨州	菏泽	潍坊	济宁
东营（120）	0.771**	0.797**	0.853**	0.838**	0.825**	1				
滨州（134）	0.713**	0.794**	0.858**	0.876**	0.891**	0.958**	1			
菏泽（241）	0.780**	0.848**	0.829**	0.901**	0.704**	0.701**	0.727**	1		
潍坊（183）	0.617**	0.770**	0.718**	0.723**	0.696**	0.768**	0.724**	0.770**	1	
济宁（184）	0.605**	0.677**	0.789**	0.633**	0.616**	0.674**	0.673**	0.788**	0.789**	1

注：**表示在0.01水平上显著。

（c）皮尔逊相关系数——O_3

城市（距济南的距离/km）	济南	泰安	淄博	聊城	德州	东营	滨州	菏泽	潍坊	济宁
济南	1									
泰安（80）	0.984**	1								
淄博（100）	0.969**	0.946**	1							
聊城（111）	0.946**	0.929**	0.936**	1						
德州（119）	0.918**	0.918**	0.917**	0.963**	1					
东营（120）	0.859**	0.917**	0.895**	0.896**	0.904**	1				
滨州（134）	0.895**	0.930**	0.918**	0.926**	0.934**	0.952**	1			
菏泽（241）	0.711**	0.711**	0.708**	0.742**	0.822**	0.869**	0.883**	1		
潍坊（183）	0.688**	0.711**	0.725**	0.780**	0.858**	0.729**	0.700**	0.863**	1	
济宁（184）	0.628**	0.751**	0.737**	0.739**	0.608**	0.789**	0.705**	0.639**	0.703**	1

注：**表示在0.01水平上显著。

(d) 皮尔逊相关系数——NO$_2$

城市（距济南的距离/km）	济南	泰安	淄博	聊城	德州	东营	滨州	菏泽	潍坊	济宁
济南	1									
泰安（80）	0.932**	1								
淄博（100）	0.885**	0.848**	1							
聊城（111）	0.865**	0.781**	0.829**	1						
德州（119）	0.770**	0.837**	0.823**	0.836**	1					
东营（120）	0.795**	0.771**	0.759**	0.679**	0.786**	1				
滨州（134）	0.645**	0.771**	0.796**	0.685**	0.831**	0.904**	1			
菏泽（241）	0.644**	0.704**	0.722**	0.741**	0.740**	0.697**	0.692**	1		
潍坊（183）	0.664**	0.743**	0.773**	0.710**	0.703**	0.769**	0.702**	0.719**	1	
济宁（184）	0.611**	0.722**	0.709**	0.652**	0.788**	0.633**	0.635**	0.746**	0.784**	1

注：** 表示在 0.01 水平上显著。

(e) 皮尔逊相关系数——SO$_2$

城市（距济南的距离/km）	济南	泰安	淄博	聊城	德州	东营	滨州	菏泽	潍坊	济宁
济南	1									
泰安（80）	0.756**	1								
淄博（100）	0.756**	0.745**	1							
聊城（111）	0.761**	0.749**	0.659**	1						
德州（119）	0.745**	0.742**	0.702**	0.802**	1					
东营（120）	0.675**	0.604**	0.633**	0.671**	0.680**	1				

续表

城市（距济南的距离/km）	济南	泰安	淄博	聊城	德州	东营	滨州	菏泽	潍坊	济宁
滨州（134）	0.664**	0.717**	0.732**	0.636**	0.781**	0.809**	1			
菏泽（241）	0.663**	0.773**	0.765**	0.719**	0.585**	0.562**	0.775**	1		
潍坊（183）	0.656**	0.689**	0.648**	0.617**	0.652**	0.602**	0.668**	0.439**	1	
济宁（184）	0.602**	0.600**	0.669**	0.665**	0.611**	0.644**	0.789**	0.601**	0.688**	1

注：** 表示在 0.01 水平上显著。

(f) 皮尔逊相关系数——CO

城市（距济南的距离/km）	济南	泰安	淄博	聊城	德州	东营	滨州	菏泽	潍坊	济宁
济南	1									
泰安（80）	0.898**	1								
淄博（100）	0.843**	0.899**	1							
聊城（111）	0.849**	0.833**	0.782**	1						
德州（119）	0.778**	0.755**	0.856**	0.772**	1					
东营（120）	0.730**	0.734**	0.777**	0.810**	0.792**	1				
滨州（134）	0.750**	0.708**	0.759**	0.722**	0.709**	0.860**	1			
菏泽（241）	0.781**	0.721**	0.701**	0.827**	0.807**	0.759**	0.765**	1		
潍坊（183）	0.697**	0.690**	0.642**	0.628**	0.688**	0.768**	0.703**	0.723**	1	
济宁（184）	0.647**	0.692**	0.669**	6757	0.636**	0.691**	0.661**	0.744**	0.739**	1

注：** 表示在 0.01 水平上显著。

最后，区域内城市大气污染浓度分布呈现一定的时间规律。在时间变化规律方面，我们以河北省、河南省、山西省、山东省为例，从年度、季度、月度、一周、24 小时、每天四个时段变化这六种变化来研究该方面的规律。

3.1.2.1　主要大气污染物年度变化规律

以 2014～2018 年为样本数据，通过对这四个省份的六种大气污染物进行汇总均值，我们的发现如下所述。

2014～2018 年河北省的 $PM_{2.5}$、PM_{10}、SO_2 总体呈现下降趋势，在 2018 年降到最低点，分别为 712.46 微克/立方米、1369.51 微克/立方米、232.97 微克/立方米，这主要归功于河北省过去四年控制煤炭消耗总量、提高煤炭燃烧效率的措施，排放监管力度的加大以及排放标准的提高，$PM_{2.5}$、PM_{10} 和 SO_2 浓度显著下降。但是根据数据来看 NO_2 的下降有限，在这四年中仅下降了不到 100 微克/立方米。O_3 的污染浓度不降反增，在 2018 年达到了最高值 886.95 微克/立方米，比 2014 年污染浓度增长了 200 微克/立方米，这些变化警示了河北省下一步大气污染防治的重点应该放在控制机动车排放和生物质燃烧上。对比以上五种污染浓度的波动，一氧化氮这四年的浓度变化却不是很明显。

对比河南省 2014～2018 年大气污染物的变化，我们有如下发现，可观的趋势是，$PM_{2.5}$ 和 PM_{10} 总体呈现下降趋势，在 2018 年，$PM_{2.5}$ 和 PM_{10} 平均浓度分别下降了 1.6%、2.8%，这与河南省最近三年积极实施的污染防治攻坚战密不可分，在这几年里河南省把大气污染防治作为工作的重中之重，为实现科学治污、依法治污、全民治污目标而奋斗。但是和河北省相同的是，O_3 的污染浓度正在持续上升，在 2018 年达到了最高值 503.62 微克/立方米，比 2014 年 O_3 的平均污染浓度增长将近 200 微克/立方米，这个变化提示了河南省在今后的污染防治工作中，应将重点放在治理 O_3 的浓度上面。

观察山西省的数据趋势，我们发现与河北省、河南省不同的是，$PM_{2.5}$、PM_{10} 的波动比较大，$PM_{2.5}$ 总体趋势是下降的，但是在 2015 年平均浓度降到了最低点 388.51 微克/立方米，在 2017 年平均浓度上升到了 446.1 微克/立方米。PM_{10} 的平均浓度变化不明显，但是在 2015 年 PM_{10} 的平均浓度降到了

711.31 微克/立方米。与河南省、河北省面临相同的问题是，O_3 的平均浓度逐年递增，在这 5 年里，O_3 的平均浓度增长了 170 微克/立方米，这个变化提醒山西省在今后的大气环境治理中必须加强对 O_3 的污染防治。

　　与河南省、河北省大气污染变化相同的是，山东省的 $PM_{2.5}$、PM_{10} 污染物的浓度逐年递减，在 2018 年降到最低点，分别为 547.31 微克/立方米、1087.25 微克/立方米，但是根据数据来看，山东省的 PM_{10} 污染浓度还是偏高，所以对于山东省来说，PM_{10} 的污染防治还是大气环境治理的中心。O_3 的平均浓度与河南省、河北省面临同样的境况，在 2018 年 O_3 的平均浓度已经增长到了 759.26 微克/立方米，比 2014 年 O_3 浓度增加了 133 微克/立方米，说明山东省还应将降低 O_3 浓度列入大气环境治理的工作中。

3.1.2.2　季度变化规律

　　根据四省气候的实际变化，将一年 12 个月份分为春季（3～5 月）、夏季（6～8 月）、秋季（9～11 月）和冬季（12 月至次年 2 月）。将 2018 年六种污染物浓度在每省省会的数据进行季度统计。

　　从北京市 2018 年的数据中发现，$PM_{2.5}$ 和 PM_{10} 的浓度在春季和冬季达到最高值，而在夏季达到最低值。这与北京的地理位置和地形特征有着极大的关系。北京三面环山（西面、东面、北面），在春季和冬季，风小、湿润、逆温等天气时常出现，湿度过大会造成 PM 膨胀聚集，并且西面与北面的弱冷空气进入山脉地区的强度变弱，但是北京南部的污染由于没有阻挡，并且根据数据来看，北京南部城市污染要高于北京北部城市污染。北京的特殊地形也在客观上有利于雾和霾的维持，形成静稳天气。这些内、外的不利条件相互交织，使得雾霾污染在春季和冬季集中暴发。而夏季恰恰相反，北京是温带季风气候，夏季受东南季风的影响，高温多雨，这对污染物有净化的作用，故而使得浓度最低。SO_2 和 NO_2 在夏季浓度最低，但在冬季这两种污染物浓度处于较高水平。O_3 浓度的最低点出现在秋季，但是 O_3 的平均浓度最高点出现在夏季。这是因为 O_3 来源于 NO_x 和 VOC 二次生成的污染物，其生成过程需要足够的光照和温度，而夏季的强紫外线和高温满足了 O_3 形成的条件。具体指标见表 3-9。

表 3 - 9　　　　　　　北京市大气污染四季平均浓度值　　　　　单位：微克/立方米

季节	PM$_{2.5}$	O$_3$	PM$_{10}$	SO$_2$	NO$_2$	CO
春季	69.60	74.31	126.64	7.17	44.70	0.83
夏季	43.26	99.51	64.70	3.68	29.14	0.73
秋季	46.08	37.15	68.30	4.87	44.17	0.74
冬季	57.90	38.90	70.07	8.44	39.90	0.84

资料来源：中国国家环境监测中心（http://www.pm25china.net）。

从郑州市 2018 年的数据中发现：PM$_{2.5}$和 PM$_{10}$的浓度在春季和冬季达到了最高值，而在夏季达到最低值。郑州市位于我国第二级地貌台阶与第三级地貌台阶的交接过渡地带，地势为西边高、东北低，呈阶梯状下降，这种地形条件形成了周边地区对该地的多重污染。郑州是温带大陆气候，年平均降雨量在600 毫米左右，年降雨量较少，多集中在夏季，其他三季近乎没有，所以郑州市夏季大气质量是最好的，冬季大气质量最差。SO$_2$和 NO$_2$在冬季浓度最高，夏季最低。O$_3$浓度的最低点出现在冬季，平均浓度最高点出现在夏季。这是因为O$_3$来源于 NO$_x$和 VOC 二次生成的污染物，其生成过程需要足够的光照和温度，而夏季的强紫外线和高温满足了 O$_3$形成的条件。具体指标见表 3 - 10。

表 3 - 10　　　　　　　郑州市大气污染四季平均浓度值　　　　　单位：微克/立方米

季节	PM$_{2.5}$	O$_3$	PM$_{10}$	SO$_2$	NO$_2$	CO
春季	65.46	81.53	143.62	14.65	44.50	0.96
夏季	34.82	107.00	74.13	6.92	34.48	0.91
秋季	59.05	48.89	111.00	14.91	55.11	1.00
冬季	108.37	26.78	152.00	20.56	58.87	1.35

资料来源：中国国家环境监测中心（http://www.pm25china.net）。

从太原市 2018 年的数据中发现 PM$_{2.5}$和 PM$_{10}$的浓度在春季和冬季达到最高值，而在夏季达到最低值。山西省太原市虽属内陆地区，但因受内蒙古冬季冷气团的袭击，在大陆性气候表现强烈的同时，北部又较为寒冷。结合山西春、夏、秋、冬四季分别有日温差大，风沙多而干旱，蒸发量较大；短而炎热多雨，盛行东南风，全年降水量的 65%～80% 主要集中在汛期 7～9 月；秋季短而晴朗温和；冬季时间长、寒冷干燥、降雨降雪情况少等气候特征，故而形成了夏、秋两季大气质量要好于春、冬两季。SO_2 和 NO_2 在冬季浓度最高，夏季最低。O_3 浓度的最低点出现在冬季，而平均浓度最高点出现在夏季。这是因为 O_3 来源于 NO_x 和 VOC 二次生成的污染物，其生成过程需要足够的光照和温度，而夏季的强紫外线和高温满足了 O_3 形成的条件。具体指标见表 3 – 11。

表 3 – 11　　　　　　　　　太原市大气污染四季平均浓度值　　　　　单位：微克/立方米

季节	$PM_{2.5}$	O_3	PM_{10}	SO_2	NO_2	CO
春季	62.66	78.91	164.02	27.98	46.56	0.91
夏季	44.66	93.46	95.07	11.18	39.17	0.93
秋季	49.75	35.94	120.56	18.78	51.88	0.93
冬季	70.84	34.71	142.57	52.81	51.98	1.30

资料来源：中国国家环境监测中心（http：//www. pm25china. net）。

从济南市 2018 年的数据中发现：$PM_{2.5}$ 和 PM_{10} 的浓度在春季和冬季达到最高值，而在夏季达到最低值。济南市地形复杂多样，南为泰山，北靠黄河，地势南高北低。济南地处中纬度，属暖温带大陆性季风气候区。冬季这里受来自高纬内陆偏北风的影响，盛行极地大陆气团，因此寒冷干燥；夏季受极地海洋气团或变性热带海洋气团影响，盛行东风和东南风，因此暖热多雨。但由于地形的特点，南部山脉削弱了来自海洋的气团，形成了静稳天气，有利于雾和霾的形成。SO_2 和 NO_2 在冬季浓度最高，夏季最低。O_3 浓度的最低点出现在冬季，而平均浓度最高点出现在夏季。这是因为 O_3 来源于 NO_x 和 VOC 二次生成的污染物，其生成过程需要足够的光照和温度，而夏季的强紫外线和高温满足了 O_3 形成的条件。具体指标见表 3 – 12。

表 3 – 12　　　　　　　　　济南市大气污染四季平均浓度值　　　　　单位：微克/立方米

季节	$PM_{2.5}$	O_3	PM_{10}	SO_2	NO_2	CO
春季	51.36	101.34	123.97	18.98	38.48	0.82
夏季	36.82	118.34	84.05	9.94	33.61	0.65
秋季	51.27	51.58	114.93	11.06	54.92	0.77
冬季	76.43	36.73	143.93	30.22	55.61	1.20

资料来源：中国国家环境监测中心（http：//www. pm25china. net）。

3.1.2.3 月度变化规律

将记录的数据对 12 个月做平均值，可以得到 6 月、7 月、8 月 PM$_{2.5}$、PM$_{10}$、SO$_2$、NO$_2$浓度最低，之后到 12 月迅速上升，这与年度变化部分中得出的结论一致。

3.1.2.4 一周变化规律

为了综合分析六种大气污染因子一周变化规律，本章首先对 2018 年 1 月 1 日至 2018 年 12 月 31 日的四个区域的中心城市的样本数据进行统计，各污染物一周内每天的平均值见表 3－13～表 3－16。从中我们可以得出，各污染因子在一周 7 天内的变化并无明显规律，只是稍有波动，幅度不大，这与一般观念并不相符。

表 3－13　　　　　　北京市一周空气污染平均浓度　　　　单位：微克/立方米

星期	PM$_{2.5}$	O$_3$	PM$_{10}$	SO$_2$	NO$_2$	CO
周一	48.43	60.94	71.08	5.31	36.76	0.77
周二	45.2	58.62	83.16	5.43	38.60	0.76
周三	59.67	64.48	73.38	5.83	37.93	0.73
周四	45.62	66.82	76.54	6.16	40.11	0.78
周五	54.66	65.82	83.99	6.52	40.97	0.85
周六	54.11	62.30	87.69	5.87	40.52	0.84
周日	53.31	60.42	82.56	7.05	41.63	0.92

资料来源：中国国家环境监测中心（http：//www.pm25china.net）。

表 3－14　　　　　　郑州市一周空气污染平均浓度　　　　单位：微克/立方米

星期	PM$_{2.5}$	O$_3$	PM$_{10}$	SO$_2$	NO$_2$	CO
周一	66.35	67.57	118.22	14.8	46.47	1.06
周二	66.61	67.99	118.95	14.05	48.16	1.09
周三	62.05	69.92	114.58	14.24	45.56	1.04
周四	62.21	74.70	111.95	13.78	45.91	0.98
周五	65.59	67.63	119.69	14.22	48.36	1.04
周六	63.76	66.51	112.58	14.05	46.81	1.03
周日	67.77	66.25	117.01	14.07	46.74	1.04

资料来源：中国国家环境监测中心（http：//www.pm25china.net）。

表 3 – 15		太原市一周空气污染平均浓度		单位：微克/立方米	
星期	PM$_{2.5}$	O$_3$	PM$_{10}$	SO$_2$	NO$_2$	CO
周一	57.75	62.16	136.07	24.97	46.42	0.98
周二	54.08	59.62	127.68	25.53	47.55	0.99
周三	51.50	59.74	127.34	25.78	45.36	0.98
周四	52.21	65.64	125.92	27.10	46.22	0.97
周五	60.51	62.90	133.16	26.17	47.25	1.05
周六	59.92	58.85	131.45	29.33	48.77	1.06
周日	62.62	58.61	136.42	33.40	49.79	1.08

资料来源：中国国家环境监测中心（http：//www.pm25china.net）。

表 3 – 16		济南市一周空气污染平均浓度		单位：微克/立方米	
星期	PM$_{2.5}$	O$_3$	PM$_{10}$	SO$_2$	NO$_2$	CO
周一	58.18	72.82	116.5	17.12	45.49	0.87
周二	52.71	77.15	113.59	17.21	45.46	0.87
周三	50.30	77.92	110.79	16.48	44.81	0.81
周四	49.91	73.48	111.05	17.95	45.90	0.86
周五	53.45	77.41	113.22	16.94	46.67	0.86
周六	54.30	73.73	109.91	17.07	45.72	0.85
周日	54.95	80.23	116.69	17.07	42.29	0.83

资料来源：中国国家环境监测中心（http：//www.pm25china.net）。

此外，为了观测工作日（星期一至星期五）与非工作日（星期六、星期日）相比各污染物浓度差异，本章分别以 2014 年 1 月 1 日至 2018 年 12 月 31 日期间 1826 天有效数据为例，统计各污染物工作日与非工作日浓度，如表 3 – 17 ~ 表 3 – 20 所示。

表 3 – 17		北京市工作日与非工作日污染差异		单位：微克/立方米	
时间	PM$_{2.5}$	PM$_{10}$	NO$_2$	SO$_2$	CO	O$_3$
工作日	66.87	94.36	45.64	10.79	1.08	58.38
非工作日	71.57	103.31	46.67	11.74	1.13	60.34

表 3 - 18　　　　　　郑州市工作日与非工作日污染差异　　　　单位：微克/立方米

时间	PM$_{2.5}$	PM$_{10}$	NO$_2$	SO$_2$	CO	O$_3$
工作日	79.04	141.37	51.10	27.30	1.42	58.78
非工作日	79.54	142.39	50.88	27.03	1.42	58.49

表 3 - 19　　　　　　太原市工作日与非工作日污染差异　　　　单位：微克/立方米

时间	PM$_{2.5}$	PM$_{10}$	NO$_2$	SO$_2$	CO	O$_3$
工作日	61.44	112.12	41.65	55.06	1.40	48.63
非工作日	63.29	124.74	42.36	57.32	1.43	47.82

表 3 - 20　　　　　　济南市工作日与非工作日污染差异　　　　单位：微克/立方米

时间	PM$_{2.5}$	PM$_{10}$	NO$_2$	SO$_2$	CO	O$_3$
工作日	74.73	145.36	49.09	38.53	1.16	68.99
非工作日	73.17	145.23	48.76	38.53	1.14	68.88

表 3 - 17 ~ 表 3 - 20 显示，工作日与非工作日相比，各污染因子浓度变化并无明显规律，这与一般观念中工作日高于非工作日观点不符。若细观工作日与非工作日人口出行活动的交通排放、工业生产排放、建筑扬尘等主要污染源，也并不难理解这一工作日与非工作日无明显差异的结论。因为在北京、郑州、太原、济南这样的大中城市，工作日与非工作日人口出行量相当，而大气污染主要来源的六大高污染高排放工业生产、建筑业活动等没有工作日与非工作日的差异。

3.1.2.5　24 小时变化规律

统计分析 2014 年 1 月 1 日至 2018 年 12 月 31 日期间 1826 天的样本数据及北京市、郑州市、太原市、济南市 24 小时各污染物平均浓度，结果发现各种污染物在不同的时段有较为明显的变化。

（1）在 0：00 ~ 5：00 时间段各污染物浓度均最低，这是因为该时间段生产生活的各种活动量最低。

（2）在 6：00 ~ 11：00 时间段 PM$_{2.5}$和 NO$_2$浓度最高，这是由于早高峰上

班时间活动量较大造成的。

（3）在 13：00～18：00 时间段 NO_2 浓度最低而 O_3 浓度最高，这是由于该时间段是一天中光照最充足而且温度最高的，较好地满足了 O_3 的二次生成条件，另外 NO_2 浓度在该阶段最低，对 O_3 的抑制作用最小，由此使得 O_3 在该阶段浓度迅速升高了 40.08 微克/立方米，并在此阶段保持稳定的高浓度。

（4）在 18：00～23：00 时间段，PM_{10} 和 NO_2 都达到并保持了最高浓度值，但此阶段 SO_2 浓度相对最低。

（5）整体看，白天（6：00～18：00）SO_2 和 PM_{10} 都保持稳定的较高浓度值，这与白天工业企业活动量比夜间大有关。

3.1.2.6　每天四个时段变化规律

将每天 24 小时分为四个时段：0：00～5：00、6：00～11：00、12：00～17：00、18：00～23：00，然后对各时段六种污染物浓度数据进行统计。统计结果表明：污染物浓度在 0：00～6：00 最低，污染物浓度较高的时段主要集中在后三个时段，即集中于 6：00～23：00。$PM_{2.5}$ 和 SO_2 最高出现在 6：00～11：00，而 PM_{10} 和 NO_2 的最高峰出现在 18：00～23：00，O_3 和 CO 最高浓度位于 12：00～17：00，除 SO_2 外，0：00～5：00 是各种污染物浓度的最低时段，SO_2 的最低时段为 18：00～23：00。

3.2　基于 O-U 模型的区域空气质量模拟及预测

大气污染问题严重影响了我国经济的快速发展，为了加强对大气污染的把控治理，提高大气污染治理的效率，我们对北京市、郑州市、太原市与济南市的 AQI 波动情况进行模拟及预测。本章选取这四个城市 2014 年 1 月 1 日至 2018 年 5 月 31 日的 AQI 数值进行 O-U 模型路径模拟。

3.2.1　模型构建

O-U 模型是模拟数据变化特征的一种预测模型，在多科研究领域被大家广泛地使用（薛俭和徐燕，2019；Xue et al.，2019；Zhao et al.，2019；Zhao et al.，2020）。本章用该模型对 37 个市内 4 个具有代表性城市的大气污染变动趋势进行预测分析。由于大气污染的影响因素众多且复杂，故该模型利用了长期线性趋势、季节效应以及残差项来模拟这四个城市的 AQI 时间序列的随机波动情况。通过亚努什和阿格涅希卡（Janusz and Agnieszka，2015）的研究结果得出，模拟时间序列的变化可以表示为：

$$\mathrm{d}T(t) = \mathrm{d}S(t) + k[T(t) - S(t)]\mathrm{d}t + \delta(t)\mathrm{d}A(t) \qquad (3-1)$$

其中，$T(t)$ 表示第 t 日的 AQI 的序列，$S(t)$ 为 AQI 时间序列存在的长期线性趋势和季节效应的函数且连续，$[T(t) - S(t)]$ 为消除季节性和趋势性的大气污染残差序列，k 为回复均值的速率，$k[T(t) - S(t)]$ 为 AQI 时间序列剔除长期线性趋势和季节性的效应分量，$\delta(t)$ 为大气污染的随机日波动率函数且连续，$\mathrm{d}A(t)$ 为一个布朗运动过程。$\mathrm{d}T(t)$ 指的是大气污染的瞬时变化量，它等于随着时间 t 变化的确定性大气污染的瞬时变化以及另一个不确定性的随机扰动之和。对式（3-1）进行离散化处理得：

$$\Delta T = \Delta S + k\Delta t[T(t-1) - S(t-1)] + \delta(t)\Delta L \qquad (3-2)$$

其中，ΔL 服从 $N \sim (0,1)$ 的标准正态分布，由于 $\delta(t)\Delta L$ 带有不确定性的随机扰动，因此用 $\delta(t)\varepsilon(t)$ 表示：

$$T(t) - S(t) = (1 + k)[T(t-1) - S(t-1)] + \delta(t)\varepsilon(t) \qquad (3-3)$$

我们用 T_t 表示第 t（$t=1，2，\cdots$）日的 AQI 序列，S_t 表示 AQI 时间序列存在的长期线性趋势和季节效应分量，B_t 表示 AQI 时间序列的周期性。因此可以将式（3-3）整理为：

$$T_t = S_t + B_t + \delta_t\varepsilon_t \qquad (3-4)$$

3.2.2 基于 O-U 模型的 AQI 实证分析

本章首先对 S_t 的参数进行估计，检验其长期线性趋势并且拟合了其季节性效应；其次估计了 B_t 的参数并且用自回归模型进行处理，得到 B_t 的参数估计值，此处剔除了长期线性趋势；最后通过对残差的季节性拟合得到 δ_t^2 的参数估计值。

3.2.2.1 S_t 的参数估计

对 S_t 进行傅里叶级数变换得：

$$S_t = c_1 + bt + \sum_{i=1}^{I_1} a_i \sin\left[2i\pi(t - m_i)/365\right] + \sum_{i=1}^{J_1} b_j \cos\left[2j\pi(t - n_i)/365\right]$$

$$(3-5)$$

首先，对其线性的趋势部分进行模拟估计，得到 S_t 的参数均在 5% 的水平下显著；其次，对去除掉线性趋势的 S_t 部分进行季节性分解，取 $I_1 = J_1 = 1$，利用非线性最小二乘法得到季节性变动的参数估计值，如表 3-21 所示。

表 3-21 　　　　　　　　　　　　　S_t 参数估计值

城市	c_1	b	a_1	m_1	b_1	n_1
北京	126.5704	-0.0272	38.6038	-35.1345	-26.2134	-1.2111
郑州	136.3768	-0.0226	40.9115	-55.2669	12.1128	12.1979
太原	94.8461	0.0048	57.5404	-55.3684	-62.3434	-4.9550
济南	142.6563	-0.0365	24.8004	-30.5942	21.1226	-0.8873

通过表 3-21 中 4 个城市长期线性趋势的参数我们可以发现：这 4 个城市的 AQI 数值随着时间的推移均有一定的下降，其中济南市下降幅度相对其他几个城市来说较大，说明自其样本的观测值的起始日起，4 个城市实行的相关减少大气污染的措施均取得了部分成效；通过分析季节性效应的非线性拟合情况图，我们发现了一个规律：郑州市与济南市的情况较为相似，太原市的季节性效应更为明显。4 个城市的非线性最小二乘法的拟合结果见图 3-1～图 3-4，这四张图反映了 AQI 数值随季节的变动情况，太原市的 AQI 分布表现出最为明显的季节性特征。总体来看，4 个城市的系数比较类似，说明这 4 个城市的长期线性趋势以及季节性的波动趋势比较类似，即第一季度和第四季度会高于第二季度和第三季度，且第二季度及第三季度对应的夏季的 AQI 呈现明

显的下降趋势，第四季度到次年第一季度的 AQI 序列明显上升。这些规律与本章观测的数据结果和日常的生活经验相一致。

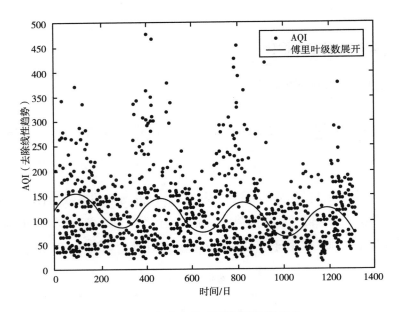

图 3 - 1　北京市 St 的傅里叶级数拟合

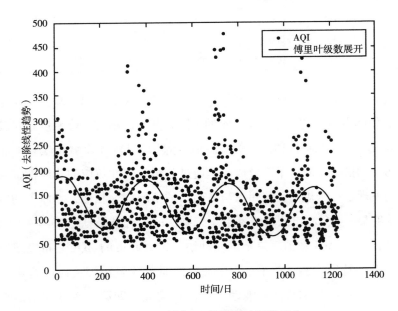

图 3 - 2　郑州市 St 的傅里叶级数拟合

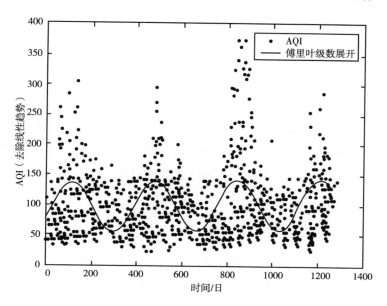

图 3 - 3　太原市 St 的傅里叶级数拟合

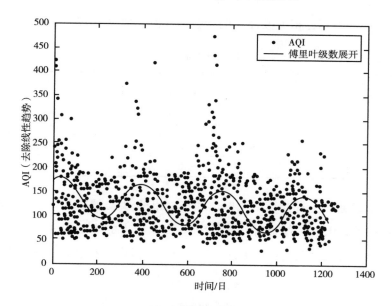

图 3 - 4　济南市 St 的傅里叶级数拟合

3.2.2.2　B_t 的参数估计

得到 S_t 的参数估计值后，对消除趋势性及季节性的 AQI 残差序列进行自相关性检验，即将 B_t 表示为以下 AR 模型：

$$B_t = \sum_{p=1}^{P} B_p(T_{t-p} - S_{T-p}) = \sum_{p=1}^{P} B_p X_{T-p} \tag{3-6}$$

将剔除掉长期线性趋势和季节性效应后的分量记为 B_t，其中 p 为自相关的阶数。通过对样本进行自回归得到 B_t 中的 β 参数估计值，进而来描述 AQI 残差序列的均值回复性质。利用 Eviews 计算得出，北京市、郑州市和济南市在一阶后（在 5% 的水平以下）未通过显著性检验，故利用 AR 模型对序列进行拟合，即：

$$X_t = B_t X_{t-1} + \delta_t \varepsilon_t \tag{3-7}$$

利用 Eviews 计算得出，太原市在二阶后（在 5% 的水平以下）未通过显著性检验，故利用 AR 模型对序列进行拟合，即：

$$X_t = B_1 X_{t-1} + B_2 X_{t-2} + \delta_t \varepsilon_t \tag{3-8}$$

由 Eviews 得到自相关拟合 B_t 的参数估计值，如表 3 - 22 所示。

表 3 - 22 B_t 的参数估计值

城市	β_1	β_2
北京	0.57866	—
郑州	0.641768	—
太原	0.599885	0.329535
济南	0.596310	

其中，北京市、郑州市、太原市和济南市的 R^2 虽然在 0.5 左右，但是其 DW 值均接近 2.0，二者的自相关性较强。而太原市的 R^2 在 0.1 左右，DW 值也接近 1.5，说明存在正自相关性。4 个城市的拟合方程分别为式（3 - 9）~ 式（3 - 12）：

$$X_{北京市} = 0.57866 X_{t-1} + \delta_t \varepsilon_t \tag{3-9}$$

$$X_{郑州市} = 0.641768 X_{t-1} + \delta_t \varepsilon_t \tag{3-10}$$

$$X_{太原市} = 0.599885 X_{t-1} + 0.329535 X_{t-2} + \delta_t \varepsilon_t \tag{3-11}$$

$$X_{济南市} = 0.596310 X_{t-1} + \delta_t \varepsilon_t \tag{3-12}$$

式（3 - 9）~ 式（3 - 12）表明，其与 AQI 原始数据中的波动规律保持一致，同时也说明了 AQI 序列在一年中的波动较剧烈，日间 AQI 差异显著。AR 模型的残差结果如图 3 - 5 ~ 图 3 - 8（x 轴表示：时间/日，y 轴表示：AQI 的残差）所示。由 4 个城市自回归模型的残差序列图可以看出，各自的残差序列均具有明显的波动性，说明 AQI 残差序列均存在自相关关系。其中，太原市的残差平方项的阶数最高，说明其自相关性较强。通过计算残差平方和的偏自相关，我们发现序列在高阶也存在自相关，因此接下来需要分析残差平方项的趋势性。

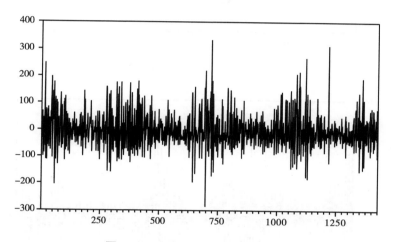

图 3 - 5　北京市 AR 模型残差序列

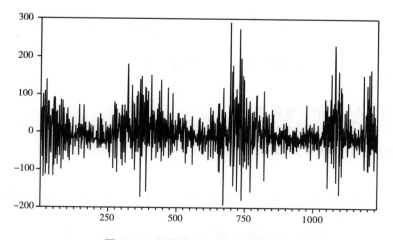

图 3 - 6　郑州市 AR 模型残差序列

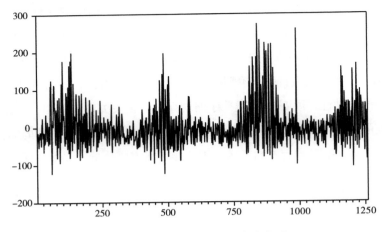

图 3 - 7   太原市 AR 模型残差序列

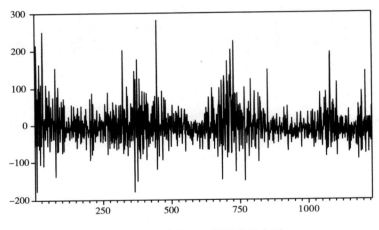

图 3 - 8   济南市 AR 模型残差序列

3.2.2.3 δ_t^2 的参数估计

将 δ_t^2 进行傅里叶级数变换得：

$$\delta_t^2(t) = c + \sum_{i=1}^{I_1} c_i \sin[2i\pi t/365] + \sum_{j=1}^{J_1} d_i \cos[2j\pi t/365] \qquad (3-13)$$

考虑到残差平方序列傅里叶级数拟合的显著性检验的合理性，故对北京市、郑州市与济南市取傅里叶级数展开项中 $I = J = 1$，对太原市的傅里叶

级数展开项中 $I = J = 2$，利用 Eviews 进行非线性回归，得到结果如表 3 – 23 所示。

表 3 – 23 $\qquad\qquad\qquad\qquad$ δ_t 的参数估计值

城市	c	c_1	c_2	d_1	d_2
北京	5965.567	−555.353	—	3826.232	—
郑州	3550.984	−299.419	—	4010.927	—
太原	3240.643	2541.599	−1227.191	−1069.675	−696.448
济南	3810.622	−9.058		3143.524	—

由图 3 – 9 ~ 图 3 – 12 的非线性拟合结果，我们可以发现，这 4 个城市 AQI 波动均存在一定的周期性，在每年第二季度和第三季度，AQI 出现明显下降；在第四季度及次年的第一季度，AQI 出现明显上升。其中，北京市、郑州市和济南市的残差平方的波动趋势与其城市自身的 AQI 随季节性变化的波动趋势是吻合的，说明这里虽然存在随机扰动因素，但是却不会影响 AQI 整体的波动趋势。

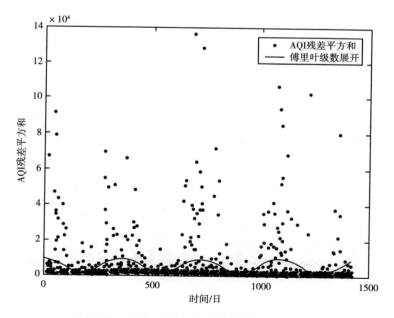

图 3 – 9　北京市残差平方和的傅里叶级数拟合

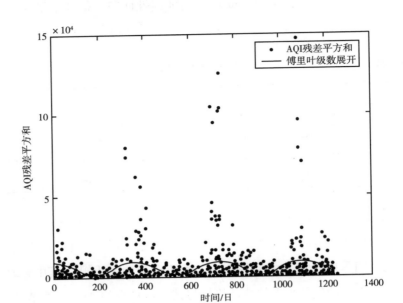

图 3 – 10　郑州市残差平方和的傅里叶级数拟合

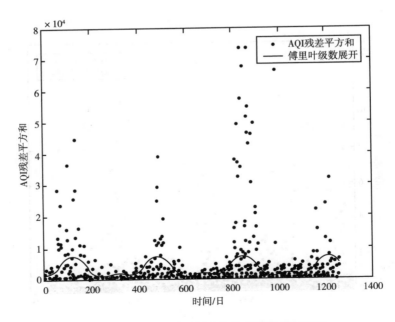

图 3 – 11　太原市残差平方和的傅里叶级数拟合

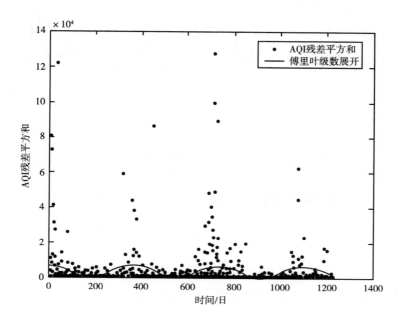

图 3 – 12　济南市残差平方和的傅里叶级数拟合

　　然而观察图 3 – 11 太原市的残差平方和的傅里叶级数拟合图,我们可以发现,整体的波动趋势在第二季度和第三季度出现明显下降,次年的第一季度波动趋势剧烈上升。这说明太原市的 AQI 波动存在较强的周期性,但是根据残差拟合图来看,其随机扰动性不容忽略,其随机影响因子较复杂,这就需要政府进一步细化污染源进而采取相应的治理措施。

3.2.3　AQI 的预测结果分析

　　通过 O-U 模型对北京市、郑州市、太原市和济南市的 AQI 波动的情况以及其内在的影响因素进行分析,我们得到各省波动特征的预测方程,本章结合预测方程,利用 MATLAB 对 4 个城市 2018 年 6 月 1 ~ 30 日的 AQI 数值进行预测。对预测结果进行处理得到图 3 – 13 ~ 图 3 – 16。

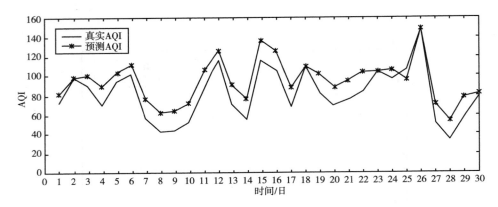

图 3 – 13　北京市 2018 年 6 月 AQI 真实值与预测值对比

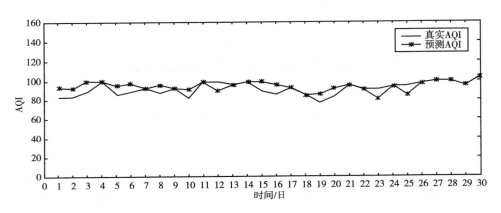

图 3 – 14　郑州市 2018 年 6 月 AQI 真实值与预测值对比

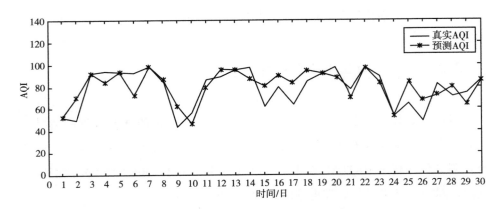

图 3 – 15　太原市 2018 年 6 月 AQI 真实值与预测值对比

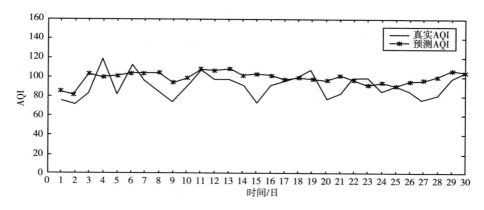

图 3 – 16　济南市 2018 年 6 月 AQI 真实值与预测值对比

通过图 3 – 13 ～图 3 – 16 中 AQI 真实值与预测值的对比，我们可以发现，首先，各城市预测的 AQI 的整体区间较为合理，即可以较为准确地预测 AQI 的等级，具体每日的预测值在区间［10，30］的误差范围内波动，这说明拟合出的方程在一定程度上可以作为政府未来制定解决大气污染措施的具有借鉴意义的参考模板；其次，结合 O-U 模型的分析结果我们可以得出，相比于北京市、郑州市和济南市的 AQI，太原市的 AQI 明显偏小，且 AQI 波动呈现明显的季节性以及周期性。并且相比于北京市和济南市，郑州市的 AQI 波动趋势不是很大。以本章预测的区间为例，太原市 6 月的 AQI 刚好接近一年中 AQI 的波谷时期，是一年中空气质量比较好的时间段，从图中可以发现太原市整个 6 月 AQI 的预测值均位于［50，100］区间，与实际值较为吻合，此时用 O-U 模型预测其结果较为理想。但是由于太原市的 AQI 波动的幅度较大，存在极端复杂的异常值，预测结果可以比较准确地说明太原市未来 AQI 所处的情况，可以为政府防御手段、政策制定提供借鉴参考意义；郑州市的 AQI 预测结果则是十分贴近 AQI 的实际值，在［10，20］的误差波动，这说明可以为日后政府防治大气污染政策制定提供参考。

3.2.4　根据 O-U 模型总结 4 个城市大气污染的成因分析

通过 O-U 模型模拟及预测的结果可发现，影响 4 个城市 AQI 波动的原因比较多。以北京市为核心的城市圈的污染排放均比较复杂。具体表现为三个方面：首先，城市的污染情况与当地的经济增长程度有一定的关系。我们以北京市为例，北京市作为我国的政治中心，经济发展水平比较快。那么，经济的发展必定会吸引各行各业的人才汇集以及各种企业的投资设厂，当然这种吸引必定会带来一定程度的生活以及交通污染，除此以外，还有部分工厂排放的污染物也在其中。虽然北京市在2017年就开始着手推行绿色出行，但是就目前情况来看北京市的大气污染问题依然比较突出。城市的发展快慢决定了其气候的变化特征，所以对于北京市来说，即使是其他城市AQI都在增长阶段它仍然会出现极端的重污染天气，进而导致预测的误差较大。其次，不同城市所有的行业类型对该城市的污染影响也不相同。以太原市为例，太原市作为煤炭工业生产的集中地，它的经济发展依赖对大气污染较严重以及灰尘颗粒排放较多的企业、工厂，因此太原市的大气污染相对于北京市而言更为严重。同时，由于太原市污染源较为复杂，所以对预测结果的准确性提出了更高的要求。最后，气象条件也是对城市的空气质量带来一定影响的因素。以郑州市为例，郑州市气候较为干燥、降雨量也比较少，该地主要以下沉气流为主，并且在每年的第一季度和第四季度较为明显，这种气候会导致大气污染物无法顺利地扩散消除，长时间聚集在低层大气中造成了大气质量的恶化。因此，郑州市的AQI波动的周期性较弱，但是存在的污染源种类较多而这些污染源影响程度是有限的，所以AQI预测值准确度较高。

本章引入O-U模型对以上4个城市大气质量的波动趋势进行比较全面的研究，分析并得出了导致AQI波动的各种影响因素以及其参数值，最终得到不同城市AQI的预测方程。通过对AQI进行预测，一方面，可提高4个城市对未来大气环境管理的有效性，对政府部门制定大气环境保护相关措施以及对这些措施的实施具有一定的参考价值；另一方面，有利于这些城市的污染型企业进行调整经营方案，进而降低其停止生产所带来的经济损失。

3.3 大气污染治理现状

本节内容主要以区域内典型城市北京、郑州、太原、济南市为例，对已采取的治理措施加以分析。

3.3.1 完善空气污染防治法规标准

各省市为了强化本地环境法制建设和完善各地环境标准体系，都在陆续制定符合本地区经济发展的相关制度。

2014年1月22日，北京市十四届人大常委会第二次会议审议并通过了《北京市大气污染防治条例》。该条例规定，各级政府必须将大气环境保护摆在经济和社会发展的重要位置，增加资金投入，合理布局城市绿化，采取更为有效的污染防治措施，并且规定各级部门要对大气污染防治行动实施统一监督以及管理。同时向市民科学有效地普及污染防治知识，提高公民的环保意识。

河北省将大气污染防治作为本省工作的重点、提高居民生活环境的当务之急，以及转方式、调结构、促转型的重要举措。如《河北省大气污染防治行动计划实施方案》中详细规定，将解决细颗粒物作为生态文明建设的重中之重，着重抓好重点企业、重点行业、重点城市的污染治理进度，切实保证本辖区的大气污染防治工作具有针对性。

河南省将全面落实绿色环保调度制度，面对不同的企业采取不同的管理措施，严禁出现大气污染治理"一刀切"的局面。如《河南省绿色环保调度制度实施方案（试行）》中规定，各市必须严格实施绿色环保引领企业季节性生产调控和重污染天气差异化管控、审批支持、优先参与电力市场交易等政策激励措施。

山西省为了改善提高各市的大气质量，旨在解决好大气环境质量与人民群众身体健康相关的问题，对照国家发布的空气质量新标准，制定了一个中长期的治理措施——《山西省2013～2020年大气污染治理措施》。

山东省的《山东省大气污染防治条例》于2016年11月1日起开始实行。各级政府对本行政区域内的大气质量进行把控负责，制定相关大气污染防治规划与措施，并将其纳入经济和社会发展计划中，切实保证本辖区内的大气环境质量达到国家规定的标准。

3.3.2 积极发展绿色交通，加快淘汰高污染汽车

优先发展公共交通是各省市减少城市空气污染的重要举措之一。目前北京公共交通的分担能力不到交通使用状况的 1/2，2017 年在市中心公共交通的运营达到了 60% 左右[①]，但与发达国家相比，还存在一定的差距。1969年，北京诞生了中国第一条地铁线。近年来，由于地铁快速、便捷以及出行成本低，人们也意识到了乘坐地铁出行的优点，各省市的地铁行业也发展进入了"黄金时代"。

在 2015 年，北京的地铁轨道已经连接了北京的重点功能街区以及交通枢纽，其中二环内地铁密度已经达到了 1.08 千米/平方千米，五环内已经达到了 0.51 千米/平方千米。截至 2021 年，北京市轨道交通里程为 727 千米，目前还在扩张中。按照"十四五"规划，北京市轨道交通里程将在"十四五"期间达到 1600 千米。[②]

2018 年底，北京市制定出以推进柴油车电动化为重点的新能源车实施方案，规定减少柴油车使用次数，淘汰老旧破柴油车，持续推动用柴油减量行动。除此之外，北京市政府发布的《北京市绿色出行行动计划》通知，提出调整交通运输的结构、推进车辆的电动化、加快淘汰老旧车、降低机动车使用强度等，通过倡导绿色出行来达到改善北京市大气环境质量，进一步推进生态文明建设，推动经济社会可持续发展。

3.3.3 发展绿色经济，实现产业的升级改造

在产业结构调整方面，北京市提前一年完成了国家下达的"十二五"落后产能淘汰任务；完成结构调整项目 900 多项。其他三省还出台了一系列有关产业调整的文件。

---

① 资料来源：《北京统计年鉴》。
② 资料来源：北京市交通委员会网站 http://jtw. beijing. gov. cn/。

针对工业企业大气污染防治情况，各省的环保部门重点组织开展了"工业废气无组织排放、超标排放、治理设施不正常运行"的专项执法行动。通过执法等相关检查，查找违法个例，查处违法的行为，规范工业企业日常对于环境方面的管理，确保大气污染得到有效控制与治理。同时，在检查中对于查处的违法工业企业要进行督察，检查违法企业整改措施的落实情况。

3.3.4　强化农业污染治理，推广农业清洁生产技术

在农业方面，北京市制定了《京津冀及周边地区秸秆综合利用和禁烧工作方案》《北京市大气污染防治条例》等措施，2015 年北京市农业部门以"巩固成果、攻克难点、全面禁烧、综合利用"为农污治理思路，以"调结构、转方式、全利用、严监管"为农污工作原则，因地制宜，"疏堵"结合，通过各种措施明确如何实现北京市农作物秸秆全面禁烧以及综合利用。

各省的农业行政管理部门积极响应政府号召，为了改善各省市的大气污染状况，在农业方面的一系列清洁生产措施陆续出台，积极推广农业清洁生产技术，指导生产者科学规范使用化肥农药。在不断强化农业污染治理的过程中，农业产业发展壮大，并且各具特色。

3.3.5　调整社会生活能源结构，落实清洁能源发展政策措施

针对社会能源结构方面，北京市在社会生活领域出台了一系列防污措施：加强对加油站、储油库、油罐车油气等的回收与治理；完善对汽修和干洗行业的管理，禁止露天喷涂与干燥；深化对生活油烟的治理，向居民推广净化型家用抽油烟机；逐步取缔中心城、郊区城区以及新城等地区的经营性露天烧烤；开展餐饮业排污治理的技术试点推广，加强设施行业运行的监督。

各省市政府积极调整本省市的能源结构，着手落实清洁能源发展的政策，筹划推进清洁能源基础设施的建设，向各区县推广清洁能源基础设施的使用，

提高清洁能源自给的能力。为了控制煤炭消费总量各省市政府还制定了控制方案，其目的是实现煤炭消费的负增长，并且在控制总量的同时兼顾对其进行改造的计划。这更加能够促使能源的清洁使用。

在居民生活领域，随着天然气的普及，人工煤气用户的使用量在逐年降低。截至 2018 年底，北京天然气用户已达 672.5 万户，人工煤气用户则降至 100 户，液化气用户有 254 万户。郑州天然气用户已达 198.67 万户，液化气用户有 20.34 万户，而人工煤气则降至 100 户以下。太原天然气用户达 132.4 万户，液化气用户有 7.89 万户，人工煤气用户则有 9.65 万户。济南天然气用户有 136.57 万户，液化气用户有 15.6 万户，而人工煤气用户有 1000 户。① 纵向来看清洁能源用户占大多数。在 2014 年 1 月 26 日，北京市公安局就规定了春节烟花爆竹禁放的城区范围，规定了烟花爆竹销售的网点不得与居民住所在同一建筑物内，并且有关消防部门还关闭了全市 600 家毗邻居民区的烟花销售门店，经营许可证发放量大幅度缩减。

3.3.6 全面推进四省区域大气污染防治协作机制的建设

北京市与天津市、河北省（即京津冀）早就实施了区域大气污染联防联控，共同落实重点行业、机动车污染排污的控制措施，全面实施秸秆禁烧工作，并实现了重点污染排放和环境空气质量监测数据的共享。在 2013 年 10 月 23 日，北京市、河北省、山西省和山东省就建立了区域联动立法机制，不仅加强了京津冀区域大气污染的联防联控，还推进了该区域防治协作机制建设迈入了新的阶段。

3.4 区域大气污染致因分析

基于目前我国地区暴发了持续大规模的雾霾污染天气，对目前所探讨的

---

① 资料来源：北京、郑州、太原、济南市统计年鉴。

区域大气污染现状展开全面调查，从内源排放和外源输入两个方面，对当前
37 个市的大气污染特征以及致因进行了系统且全面的分析，希望能为后续开
展大气污染治理工作提供决策依据以及参考意见。本章中所使用的数据主要
来源于各市统计年鉴（2014～2018 年）、各市空气质量日报、各市能源年鉴
和各市环境保护局网站。

3.4.1 城市内源过量排放污染是决定性因素

目前，区域内污染排放过量主要是由两个部分——工业排放和生活排放
造成的。

3.4.1.1 工业排放污染仍然很严重

首先，工业排放的废气、烟（粉）尘和 SO_2 是工业污染中的煤烟型污
染的首要来源。近几年来各市工业废气、烟（粉）尘、SO_2 的情况说明
如下。

2014～2018 年，各市工业废气排放量在逐年递减。其中，北京市在
2018 年的工业废气排放量为 123 亿立方米，为四个市的最低值。太原市的
工业废气排放量 323 亿立方米为最高值。另外，四个市的烟（粉）尘和
SO_2 排放总量近年来呈持续下降趋势，说明近年来我国实行的政策是切实有
效的，但两种污染物的工业排放占全市总排放的比重却有上升的趋势，这
值得我们注意。

表 3-24 显示，从北京市的工业排放和总排放来看，工业废气排放总量
较其他三个城市来说比较低，这说明北京市近几年针对大气污染防治的措施
是有效的。无论是工业烟（粉）尘排放总量还是工业废气 SO_2 排放量都在逐
年下降，并且截至 2018 年，这两者排放总量都在 1 万吨以下。但是烟（粉）
尘排放总量占比在 2018 年上涨了 8%，这说明北京市大气污染防控还有待
加强。

表 3 - 24   北京市工业排放与总排放（2014～2018 年）

| 年份 | 工业废气排放总量（亿立方米） | 烟（粉）尘排放总量（万吨） | 其中 | | SO₂排放总量（万吨） | 其中 | |
			工业（万吨）	比重（%）		工业（万吨）	比重（%）
2014	298	5.74	2.27	39.5	7.89	4.03	51.1
2015	278	4.94	1.30	26.3	7.12	2.21	31.1
2016	156	3.45	0.79	22.9	3.32	1.03	31.0
2017	145	2.07	0.43	20.8	2.01	0.38	18.9
2018	123	1.53	0.44	28.8	1.14	0.15	13.2

资料来源：《中国统计年鉴》《北京统计年鉴》。

表 3 - 25 显示，从郑州市的工业排放和总排放来看，工业废气排放总量也在逐年降低，到 2018 年已经比 2014 年减少了将近 150 亿立方米，这说明郑州市近几年针对大气污染防治的措施成效显著。无论是工业烟（粉）尘排放总量还是工业废气 SO₂ 排放量都在逐年下降，并且到 2018 年，这两者排放总量都在 2 万吨以下，相较于 2014 年的 4.6 万吨和 9.09 万吨，下降幅度也是非常可观的。

表 3 - 25   郑州市工业排放与总排放（2014～2018 年）

| 年份 | 工业废气排放总量（亿立方米） | 烟（粉）尘排放总量（万吨） | 其中 | | SO₂排放总量（万吨） | 其中 | |
			工业（万吨）	比重（%）		工业（万吨）	比重（%）
2014	444	8.45	4.60	54.4	11.34	9.09	80.2
2015	345	8.46	4.78	56.5	10.23	7.89	77.1
2016	269	5.75	2.11	36.7	5.10	2.29	44.9
2017	282	4.21	1.40	33.3	3.97	1.65	41.6
2018	298	4.42	1.39	31.4	3.54	1.45	40.9

资料来源：《中国统计年鉴》《郑州统计年鉴》。

表 3 - 26 显示，从太原市的工业排放和总排放来看，工业废气排放总量有明显的下降趋势。并且工业烟（粉）尘排放总量和工业废气 SO₂ 排放量都在逐年下降，并且到 2018 年，这两者排放总量都在 0.5 万吨以下。

表 3 - 26　　　　　　太原市工业排放与总排放（2014～2018 年）

年份	工业废气排放总量（亿立方米）	烟（粉）尘排放总量（万吨）	其中		SO₂排放总量（万吨）	其中	
			工业（万吨）	比重（%）		工业（万吨）	比重（%）
2014	444	5.74	2.27	39.5	7.89	4.03	51.1
2015	412	4.94	1.30	26.3	7.12	2.21	31.1
2016	389	3.45	0.79	22.9	3.32	1.03	31.0
2017	345	2.07	0.43	20.8	2.01	0.38	18.9
2018	323	1.98	0.23	11.6	1.87	0.31	16.6

资料来源：《中国统计年鉴》《太原统计年鉴》。

表 3 - 27 显示，从济南市的工业排放和总排放来看，工业废气排放总量较其他三个城市来说比较高，这说明济南市需要继续改进大气污染防治的措施、加大整治力度。并且从图表中我们可以看出，工业烟（粉）尘排放总量和工业废气 SO₂排放量占比较高，故济南市接下来需要加大对于这方面的监管整治力度。但是工业烟（粉）尘排放总量和工业废气 SO₂排放量在逐年下降，并且到 2018 年，这两者排放总量都在 2 万吨以下。

表 3 - 27　　　　　　济南市工业排放与总排放（2014～2018 年）

年份	工业废气排放总量（亿立方米）	烟（粉）尘排放总量（万吨）	其中		SO₂排放总量（万吨）	其中	
			工业（万吨）	比重（%）		工业（万吨）	比重（%）
2014	567	10.09	9.01	89.3	9.72	6.78	69.8
2015	535	10.86	9.29	85.5	9.97	7.03	70.5
2016	424	6.43	5.47	85.1	4.44	2.85	64.2
2017	398	3.28	2.51	76.5	3.25	1.65	50.8
2018	314	2.34	1.65	70.5	2.54	1.23	48.4

资料来源：《中国统计年鉴》《济南统计年鉴》。

其次，我们以北京市工业企业为例，从产业消费量来看，工业消耗主要集中在电力、热力、黑色金属、化工、石化和造纸印刷五大行业。2018 年，北京市工业企业原煤在火电、造纸印刷行业消耗量远远大于其他行业的原煤使用量，作为清洁能源的天然气使用量在这几大行业中是比较低的。通过这两者能源品种的对比我们能发现，规模以上工业企业在处理能源选择问题时，亟待改进，一方面要持续推动清洁能源的应用；另一方面要优化清洁能源使用效率，从而减少工业生产中排放的废气对大气的污染。各行业能源消耗量情况如表3-28所示。

表3-28　　2018年北京规模以上工业企业分行业主要能源品种消费量

品种	电力、热力	黑色金属	非金属	化工	石化	造纸印刷
原煤（万吨）	178.01	0.55	0.01	0.47	0.03	0.83
天然气（亿立方米）	98.70	0.01	0	0.21	2.69	0.31
汽油（万吨）	0.52	0.04	0	0.80	0.09	1.19
柴油（万吨）	0.72	0.66	0.24	0.58	0.15	0.40
热能（百万千焦）	96.50	8.56	0	931.00	1458.24	55.42
电力（亿千瓦时）	100.27	2.38	0.07	13.21	16.50	7.81

资料来源：《中国统计年鉴》《北京统计年鉴》。

3.4.1.2　生活排放所造成的污染也值得注意

市民生活所排放的废气也是大气污染的一个主要来源。目前市民生活的燃料主要由煤气、液化石油气和天然气组成，以下是这三种燃料的用量和用户数。从表3-29~表3-32中我们可以看出，2014~2018年北京、郑州、太原、济南四个市的人工煤气使用量和使用人数在大大减少，这是近年来天然气这种清洁能源的不断普及所造成的好趋势。但是这四个市的液化石油气的使用量和使用户数下降得较慢，天然气的使用量和用户数上升趋势不明显，这说明市民燃料的使用还是有较大的优化空间，各部门仍需加快天然气等清洁能源的普及以及配套基础设施的建设。我们通过图表可以发现，太原市家庭煤气使用户数和总量是最高的，并且没有明显的下降趋势，用户数平均为9.25万户，用量平均为5380吨。对于液化石油气和天然气的使用，北京市的用户数和用量都是最高的，这可能与北京的人口数量最高有关。

表 3 – 29　　　　　　　　　　　　北京市家庭燃料使用情况

年份	煤气		液化石油气		天然气	
	用户数（万户）	用量（万吨）	用户数（万户）	用量（亿立方米）	用户数（万户）	用量（亿立方米）
2014	0.54	0.018	278.2	23.48	567.8	12.65
2015	0.34	0.015	296.9	18.92	588.8	13.72
2016	0.28	0.014	302.7	19.52	598.1	12.77
2017	0.12	0.010	276.3	14.67	652.7	16.32
2018	0.01	0.009	254.0	14.05	672.5	14.11

资料来源：《中国统计年鉴》《北京统计年鉴》。

表 3 – 30　　　　　　　　　　　　郑州市家庭燃料使用情况

年份	煤气		液化石油气		天然气	
	用户数（万户）	用量（万吨）	用户数（万户）	用量（亿立方米）	用户数（万户）	用量（亿立方米）
2014	0.65	0.020	21.88	4.52	155.08	2.91
2015	0.45	0.019	20.96	4.32	169.12	3.43
2016	0.34	0.016	20.06	4.22	172.50	3.38
2017	0.21	0.012	20.15	4.15	193.40	3.13
2018	0.01	0.008	20.34	4.10	198.67	3.45

资料来源：《中国统计年鉴》《郑州统计年鉴》。

表 3 – 31　　　　　　　　　　　　太原市家庭燃料使用情况

年份	煤气		液化石油气		天然气	
	用户数（万户）	用量（万吨）	用户数（万户）	用量（亿立方米）	用户数（万户）	用量（亿立方米）
2014	8.45	0.29	16.05	2.55	85.96	0.99
2015	8.88	0.31	16.01	3.02	93.30	1.08
2016	9.57	0.60	6.08	3.90	108.61	1.60
2017	9.70	0.76	7.83	5.87	125.99	1.61
2018	9.65	0.73	7.89	5.98	132.40	1.70

资料来源：《中国统计年鉴》《太原统计年鉴》。

表 3－32   济南市家庭燃料使用情况

年份	煤气		液化石油气		天然气	
	用户数（万户）	用量（万吨）	用户数（万户）	用量（亿立方米）	用户数（万户）	用量（亿立方米）
2014	0.67	0.014	28.00	2.19	88.00	1.80
2015	0.33	0.009	29.00	2.19	89.81	1.73
2016	0.29	0.005	25.80	1.98	97.19	1.83
2017	0.21	0.002	18.46	2.35	129.54	2.14
2018	0.10	0.001	15.60	2.05	136.57	2.51

资料来源：《中国统计年鉴》《济南统计年鉴》。

3.4.2 外源输入污染是区域雾霾暴发的重要因素

3.4.2.1 "二次污染"是雾霾的重要成因

在内外源共同作用下，一部分污染颗粒物来自污染源头的直接排放，如一次污染物——SO_2、PM_{10}、NO_2。另一些则是由环境和空气中的硫氧化物、NO_x、VOC 及其他化合物互相作用形成的细小污染颗粒物。这种颗粒物会导致 O_3 和雾霾等二次污染的出现。通过图 3－17 我们发现，四个市的 SO_2、PM_{10}、NO_2 等一次污染物逐年下降；O_3 污染和雾霾问题等二次污染愈发严重。通过图 3－18 我们发现，这四省中山西省的二次污染问题较为严重，这需要得到重视。

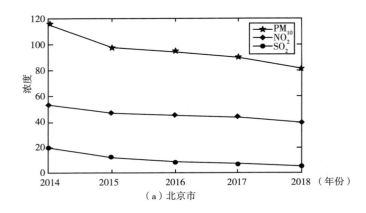

（a）北京市

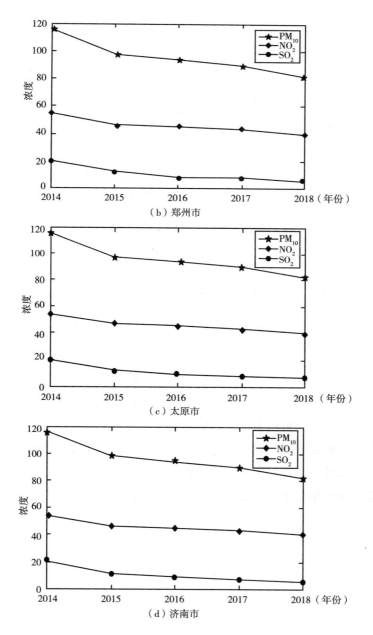

图 3 - 17 四个市的污染因子浓度

资料来源:《中国统计年鉴》、《中国环境年鉴》及各市统计年鉴。

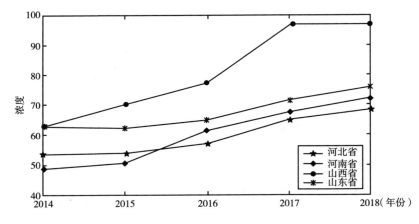

图 3 – 18 四个省 O_3 浓度对比

资料来源:《中国统计年鉴》、《中国环境年鉴》及各市统计年鉴。

3.4.2.2 不利天气是雾霾暴发的控制因素

在一段时期内,对于城市来说无论是自然排放还是人类活动排放的颗粒物的总量都是大致稳定的。当城市污染物过量排放等多种因素出现时,就会形成几百米高度的"逆温云层",这会加剧雾霾的堆积,同时使空气的流动性很差。而且,在静稳天气(横向气流流动级别较低,即小风或没风)以及整体建筑既高耸又密集的条件下,横向气流流动不大,加大了雾霾的聚合程度。另外,伴随着全球气候的整体恶化,秋、冬季也易出现湿度大、温度高的极端天气条件,这种条件下大量的颗粒物很容易遇水膨胀与集聚。这些不利天气条件往往相互交织作用,促使雾霾污染集中暴发。

3.5 小 结

第一,采用了 2014 年 1 月 1 日至 2018 年 12 月 31 日,以北京为中心的天津市、石家庄市、唐山市、衡水市、保定市、张家口市等 13 个城市,以河南郑州为中心的开封市、安阳市、鹤壁市、濮阳市等 7 个城市,以山东济南为中心的德州市、滨州市、菏泽市、淄博市、潍坊市等 10 个城市和以山西太原为中心的阳泉市、大同市、晋城市等 7 个城市的各国控点发布的六种大气污染物实时浓度数据。通过对这六种大气污染因子的数据进行 SPSS 分析以及从年度、季度、月度、一周、24 小时、每天四个时段变化这六种变化来进行分析。我们得出了污染因子变化的规律。

第二，以北京市、郑州市、太原市以及济南市 2014 年 1 月 1 日至 2018 年 5 月 31 日的 AQI 数值为样本，利用 O-U 模型建立了季节性趋势、自相关性检验以及残差平方和的傅里叶级数拟合。研究结果表明，利用 O-U 模型可以进行 AQI 序列的路径模拟以及数值预测，并且可以发现，这 4 个城市的 AQI 波动呈现不同程度的季节性、趋势性、随机性、自相关性以及周期性。目前，全国城市都受到了大气污染的影响，这在一定程度上制约了这些省市经济的发展并且危害了公众的生活。因此，目前最重要的一点就是要从根源上挖掘出大气污染形成的原因，找到正确合理的预测模型来估计 AQI 未来的变动趋势。通过第 3.2 节的模型预测，我们可以在未来得到以下好处。首先，有利于人们提前做好对大气污染的防护措施以及出行安排，以此来降低空气污染对人类身体的危害。其次，有利于企业制定相应的防范措施和降污手段来降低企业经营以及停滞带来的损失。以交通业为例，由于大气质量较差导致的雾霾现象的出现，会导致飞机延误甚至取消、高速公路全封闭、交通事故频发等状况，严重影响运输业的安全正常运行。对此大气预测部门可以通过提前预测 AQI 等级来及时向这些行业发出通知，进而降低损失和保障人们出行安全。最后，有利于省市政府因地制宜地做出地区发展的规划，快速实施对应的大气保护措施，来降低大气污染对各城市的企业带来的巨大经济损失。

第三，主要介绍了 4 个城市对于保护大气所做的一些措施以及现状。针对北京市、郑州市、太原市以及济南市存在的大气污染问题，相关的部门应该提供合适的应对政策。首先，针对 4 个城市各自污染源的不同，有关部门应当加强落实产业结构的调整优化与升级，以太原市的工业企业为重点；其次，针对汽车排放的尾气，市民要自觉配合实施国家出台的相关政策，在不影响城市经济正常发展的前提下适时地进行绿色出行、低碳消费；最后，对于这 37 个城市我们应该实行联防联控，建立区域大气污染防治体系。通过各个经济主体的共同维护，最终促进北京市、郑州市、太原市以及济南市为中心的 37 个市经济的协同、绿色发展。

第四，综合以上分析，我们从内源排放和外源输入两个方面，对当前 37 个市的大气污染特征以及致因进行了系统且全面的分析，希望能为后续开展大气污染治理工作提供决策依据及参考意见。城市内源污染主要介绍了两个方面——工业污染以及生活污染。工业污染我们也从两个方面进行了探讨——工业排放的废气、烟（粉）尘和 SO_2 及工业行业能源消耗，我们发现了这四个城市的工业污染比较严重。生活污染主要介绍了市民生活燃料的使用情况，统计了四个城市的天然气、液化石油气、人工煤气的使用量和用户数，我们发现，天然气的使用量和使用户数在不断上升，这大大减少了大气污染物的排放。但是人工煤气的使用量依然存在，这需要政府对于天然气的益处进行普及。"二次污染"和不利天气会导致一定的外源输入，也是大气污染的一个重要来源，需要政府部门注意。

第4章 区域大气污染联动范围及联动等级研究

　　中国工业化与城市化发展进程中，由于粗放式的发展模式以及机动车保有量急速增加，使得中国大气污染问题日益严重，大气污染问题也越来越受到政府和公众的重视。根据亚伦·科恩的最新研究成果，全球每年约有500万人死于空气污染而导致的一系列疾病，这个数字比死于交通意外或疟疾的人数还要多，空气污染已成为诱发健康风险的重要因素之一（美国健康效应研究所，2019）。近年来，我国大部分地区雾霾频发。根据环保部发布的《2018年大气污染公报》，京津冀、汾渭平原被列为空气污染最严重的地区，区域性成为目前我国大气污染最典型的特征（Ning et al.，2015）。

　　面对我国大气污染呈现出区域性、复杂性的特点，现有的属地治理手段已不能对区域大气污染进行有效的治理（李云燕等，2018）。因此，改变传统环境污染治理手段，系统整合环境治理资源，严格落实属地责任，建立各部门统一调动的联防联控机制（柴发合等，2013），已成为大气污染治理的最佳选择，目前已形成广泛共识（Wu et al.，2015）。那么，如何科学确定联防联控的区域范围和治理优先等级，成为提供联防联控有效性的关键（丁峰等，2014）。

4.1 单一大气污染物联动治理区域划分 及等级评价研究

4.1.1 现状及文献综述

4.1.1.1 关于划分大气污染联防联控子区域的方法

目前，划分联防联控区域的方法主要有两种：一是按照大气污染自身特点（王金南等，2012）；二是按照生态环境的地理特点，即大气流动规律（杨金田，2011）。就目前而言，现有的两种方法都缺乏系统性：第一种方法将大气污染孤立研究，未能全面考虑污染地区的自然、经济、社会等综合因素；第二种方法虽然将污染地区影响空气流动的自然因素考虑其中，在解决大范围、高复合度城市群环境污染问题方面更有效，但忽视了我国行政管理体系的现状，过多地划分子区域，导致联动治理难度较大（Wang et al.，2012）。对于京津冀这样的范围较大、参与主体多的空气污染治理，协调起来非常困难（薛俭，2020）。

4.1.1.2 关于大气污染联防联控子区域治理优先等级评价

关于如何制定联动子区域治理等级的相关研究成果目前非常少，但可借鉴多属性综合评价在其他领域的研究成果。多属性综合评价理论的 TOPSIS 法常被用以绩效评价（关罡等，2019）、区域发展模式选择（程钰等，2012）、城市/行业竞争力比较（王刚等，2019）、水资源环境评价（苏建云等，2016）、工业污染或环境绩效评价（张爱美等，2014）、项目环境风险评价（史哲齐，2019）。在大气污染治理领域，如谢等（Xie et al.，2018）将TOPSIS 用于联防联控等级划分。但是，它也存在一定的应用局限性，即若对方案进行欧氏距离排序，也许呈现的方案和理想点欧氏距离更近或与负理想点欧氏距离更接近，这样的结果不能很好地评价各方案的优劣性。因此，TOPSIS 法在这种特殊情况下需要通过其他手段进行改造。灰色关联分析法的基础是灰色理论，它选择最优指标数据为参考，把最优方案和各方案进行比较，以其关联度来评判每个方案的好坏。常被用于空气污染评价（马宇骁，2018）、水质评价（秦聪，2019）等方面。然而，灰色关联分析法也有不容忽视的不足之处，即进行关联性分析时，它仅仅是针对各方案相同因素。所以，若只是采用灰色关联分析不严谨，应当辅以其他方案弥补其缺陷。

基于以上论述，本书结合 TOPSIS 法和灰色关联分析法各自优势建立 TOSIS—灰色关联综合评价法，使得评价结果更具综合性，可提高系统评价贴切度。目前，这两种方法综合应用于旅游产业竞争力评价（许辉云，2018）、建筑业可持续发展评价（张森等，2018），以及在环境污染治理领域中的水质评价（吴先明等，2018）、环境承载能力评价（刘启君等，2016）等方面，目前尚无用于区域大气污染联动治理等级评价的实证。

综上所述，本书首先对数据进行回归、聚类及相关性分析，据此划分联防联控区域范围；其次，构建联防联控区域大气污染程度、平均人口密度、子区域对区域整体污染的影响程度和污染治理弹性四个等级评价指标；再次，将灰色关联分析法和 TOPSIS 进行结合从而确定各子区域的污染治理优先等级的新方法；最后，把新方法应用到我国京津冀区域 $PM_{2.5}$ 和 O_3 污染联防联控实例。

4.1.2 方法和模型构建

4.1.2.1 基于污染高度相关的联防联控区域划分方法

步骤 1：区域内的联防联控城市的选择。

为确定区域 Q 内每个城市对区域 Q 的污染水平，选择污染水平较大的城市作为 Q 区域联防联控遴选城市。然后采用一元线性回归分析以 Q 区域内任一城市的第 p 种大气污染物浓度数据（X_p）为自变量，以 Q 整个区域的第 p 种大气污染物浓度数据（Y_p）为因变量，回归方程公式为：

$$Y_P = \alpha \cdot X_p + b \qquad (4-1)$$

如果一元线性回归方程的斜率 a 越大，则说明这个城市对区域 Q 大气污染水平越高。设定一个临界值 a_0，若 $a > a_0$，则将该城市作为 Q 区域联防联控遴选城市之一。

步骤 2：任意两个城市之间大气污染相关性分析。

算出大气污染区域 Q 内随机两个城市 x 与 y 之间第 p 种大气污染物的皮尔逊相关系数 r［见式（4-2）］，如果皮尔逊相关系数 r 值越接近于 1，则表明这两个城市之间的污染相互传输程度越强，也可能由于两个城市之间在大气污染排放特点方面存在相似性。

$$r = \frac{Cov(c_x, c_y)}{\sigma c_x \cdot \sigma c_y} = \frac{E(c_y) - E(c_x)E(c_y)}{\sqrt{E(c_{x2}) - E^2(c_x)} \cdot \sqrt{E(c_{y2}) - E^2(c_y)}} \quad (4-2)$$

步骤 3：联防联控治理区域划分。

Q 区域第 p 种污染物的联防联控区域依据如下。

变量：Q 内各城市；

观测数据：皮尔逊相关系数 r；

依据变量和观测数据对所选城市进行系统聚类分析。

4.1.2.2 联防联控区域等级排名评价指标选择

（1）联防联控区域大气污染程度。

联防区域内的大气污染是相互影响的，具体来说，区域 Q_i 污染越严重，则对与它联防联控的区域影响程度越高，应该优先进行治理。联防联控等级评价指标为该区域内所有城市的第 p 种污染物年日均浓度数据 C_i^p 的均值。

（2）联防联控区域平均人口密度。

一般来说，人口密度越大，该区域的居民面临着越大的健康威胁，所以应该优先治理人口密度大的区域，故而将平均人口密度 H_i 也作为评价指标之一。

（3）联防联控区域对区域整体污染影响大小。

一个城市 Q_i 对整个 Q 区域污染的影响越大，越应优于其他联防联控区域治理。用 X_i^p 表示自变量，Y^p 表示因变量，其中 X_i^p 为第 p 种大气污染物日均浓度数据，Y^p 为 Q 区域的第 p 种大气污染物日均浓度数据。对数据进行线性回归。如果一元线性回归方程的斜率越大，则说明这个城市对区域 Q 大气污染水平越高，越应优于其他联防联控区域治理。回归方程如下：

$$Y^p = \alpha_i + \beta_i X_i \qquad (4-3)$$

（4）联防联控区域污染治理弹性。

各联防联控区域由于经济发展、污染自我净化水平的不同，所以它们的污染治理潜弹性也不同。因此，将污染治理弹性 E_i^p 作为联防联控等级排名评价指标之一。根据统计学原理可以用变异系数反映离散程度大小，变异系数值越大，离散程度越大，说明污染治理弹性越大，效果越显著。

4.1.2.3 联动子区域等级评价模型构建

TOPSIS 方法能够较好地反映备选方案与正理想方案之间的接近程度，其缺点是对候选方案中各指标变化和其与正负理想方案之间的差别反映较差，而灰色关联法可以弥补这一缺陷。因此本书将 TOPSIS 法和灰色关联分析法进行结合，用以确定各联防联控区域的污染治理优先等级排名的新方法。

（1）TOPSIS—灰色关联综合评价法。

评价方案序列为：

$$S = \{s_k\}\,(k=1,2,\cdots,m) \qquad (4-4)$$

评价指标序列为：

$$F = \{f_n\}\,(n=1,2,\cdots,r) \qquad (4-5)$$

则第 r 个指标的 i 个方案组成的评价序列为：

$$X_k = \{X_1(n),X_2(n),\cdots,X_k(n)\}\,(k=1,2,\cdots,m) \qquad (4-6)$$

最优参考序列（由每个评价指标的最优值和最劣值组成）为：

$$X^* = \{X^*(1),X^*(2),\cdots,X^*(n)\}\,(n=1,2,\cdots,r) \qquad (4-7)$$

由每个评价指标的最优值和最劣值组成的最劣参考序列为：

$$X^0 = \{X^0(1),X^0(2),\cdots,X^0(n)\}\,(n=1,2,\cdots,r) \qquad (4-8)$$

（2）TOPSIS—灰色关联法计算步骤。

对于 m 个样本、n 个指标的原始数据，原始矩阵可以表示为：

$$X = \begin{bmatrix} x_{11} & \cdots & x_{1j} & \cdots & x_{1n} \\ \vdots & \vdots & \vdots & \vdots & \vdots \\ x_{i1} & \cdots & x_{ij} & \cdots & x_{in} \\ \vdots & \vdots & \vdots & \vdots & \vdots \\ x_{m1} & \cdots & x_{mj} & \cdots & x_{mn} \end{bmatrix} = (x_{ij})_{m \times n} \qquad (4-9)$$

无量纲化、标准化处理"原始矩阵"：

$$X' = \begin{bmatrix} x'_{11} & \cdots & x'_{1j} & \cdots & x'_{1n} \\ \vdots & \vdots & \vdots & \vdots & \vdots \\ x'_{i1} & \cdots & x'_{ij} & \cdots & x'_{in} \\ \vdots & \vdots & \vdots & \vdots & \vdots \\ x'_{m1} & \cdots & x'_{mj} & \cdots & x'_{mn} \end{bmatrix} = (x'_{ij})_{m \times n} \qquad (4-10)$$

其中，$x_{ij}^* = \dfrac{x_{ij} - \min x_{ij}}{\max x_{ij} - \min x_{ij}}$，$i = 1, 2, \cdots, m$；$j = 1, 2, \cdots, n$。

标准化后的第 r 个指标的 i 个方案评价序列为：

$$Y_k = \{ Y_1(n), Y_2(n), \cdots, Y_k(n) \} \ (k = 1, 2, \cdots, m) \qquad (4-11)$$

消除指标量纲影响，最优参考序列为：

$$Y_k^* = \{ Y_1^*(n), Y_2^*(n), \cdots, Y_k^*(n) \} \ (k = 1, 2, \cdots, m) \qquad (4-12)$$

消除指标量纲影响，最劣参考序列为：

$$Y_k^0 = \{ Y_1^0(n), Y_2^0(n), \cdots, Y_k^0(n) \} \ (k = 1, 2, \cdots, m) \qquad (4-13)$$

计算指标信息的熵值：

$$e_j = -k \sum_{i=1}^{m} (x'_{ij} \times \ln x'_{ij}) \qquad (4-14)$$

其中，

$$k = \frac{1}{\ln m} \qquad (4-15)$$

计算指标的权重，建立加权矩阵：

$$w_j = \frac{g_j}{\sum_{j=1}^{n} g_j} = \frac{1 - e_j}{\sum_{j=1}^{n} (1 - e_j)} \qquad (4-16)$$

其中，g_j 为第 j 项指标的差异系数。然后，以它们为主对角线上的元素建造主对角矩阵：

$$W = \begin{bmatrix} w_1 & & 0 \\ & \ddots & \\ 0 & & w_j \end{bmatrix} \qquad (4-17)$$

其加权矩阵为：

$$Y = (y_{ij})_{m \times n} = XW = \begin{bmatrix} w_1 x'_{11} & \cdots & w_n x'_{1n} \\ \vdots & \ddots & \vdots \\ w_1 x'_{m1} & \cdots & w_n x'_{mn} \end{bmatrix} \qquad (4-18)$$

其中，

$$y_{ij} = w_j \cdot x'_{ij} \qquad (4-19)$$

确定参考样本。参考样本的最大值构成最优样本：

$$Y^+ = (y_1^+, \cdots, y_n^+), y_j^+ = \max_{1 \leqslant i \leqslant m} \{y_{ij}\} \qquad (4-20)$$

参考样本的最小值构成最劣样本：

$$Y^- = (y_1^-, \cdots, y_n^-), y_j^- = \min_{1 \leqslant i \leqslant m} \{y_{ij}\} \qquad (4-21)$$

算出评价序列和第 r 个指标的最优和最劣的灰色关联系数：

$$R^*(r) = \frac{\min\limits_{i=1}^{n} \min\limits_{j=1}^{m} |Y_k^*(r) - Y_k| + 0.5 \max\limits_{i=1}^{n} \max\limits_{j=1}^{m} |Y_k^*(r) - Y_k|}{|Y_k^*(r) - Y_k| + 0.5 \max\limits_{i=1}^{n} \max\limits_{j=1}^{m} |Y_k^*(r) - Y_k|}$$

$$(4-22)$$

$$R^0(r) = \frac{\min_{i=1}^{n} \min_{j=1}^{m} |Y_k^0(r) - Y_k| + 0.5 \max_{i=1}^{n} \max_{j=1}^{m} |Y_k^0(r) - Y_k|}{|Y_k^0(r) - Y_k| + 0.5 \max_{i=1}^{n} \max_{j=1}^{m} |Y_k^0(r) - Y_k|} \quad (4-23)$$

计算灰色关联度：

$$R_1 = \sum_{r}^{n} w_r R^*(r), R_2 = \sum_{r}^{n} w_r R^0(r) \quad (4-24)$$

计算灰色关联贴近度 Q：

$$Q = \frac{R_1}{R_1 + R_2} \quad (4-25)$$

如果灰色关联贴近度 Q 越接近 1，说明该被评价对象与最优方案越接近，效果越好。

4.1.3 泛京津冀区域实证分析

实证对象：根据 2018 年生态环境部公布的《2018 中国生态环境状况公报》中 168 个城市，选取泛京津冀地区的北京、天津、石家庄、唐山、秦皇岛、衡水、邯郸、邢台、保定、张家口、承德、沧州等 37 个城市为研究对象。

首要污染物：根据《2018 中国生态环境状况公报》，京津冀区域 2018 年以 $PM_{2.5}$、O_3、PM_{10}、NO_2 为首要污染物的天数占总污染天数比例分别是 44.1%、43.5%、11.6%、1.1%。故本书选择污染影响最大的 O_3 和 $PM_{2.5}$ 作为研究对象。

实证数据：本书收集了 $PM_{2.5}$ 和 O_3 两种主要污染物从 2016 年 1 月 1 日到 2018 年 12 月 31 日共 36 个月的浓度数据，数据采集于中国国家环境监测中心（http：//www.pm25china.net）。这些数据本身就包含了与区域空气污染相关的全面信息，如污染物的特征、局部的地理特征、产业状况、城市发展水平以及气候条件等。

4.1.3.1 时间分布特征

为摸清泛京津冀区域 $PM_{2.5}$ 与 O_3 的污染特征，本书采用 2014 年 1 月 1 日至 2018 年 12 月 31 日期间的污染浓度数据进行统计分析。分析泛京津冀区域共 37 个市的两种污染物污染水平随时间变化的规律，包括污染浓度的年度变化、季度变化、月度变化、24 小时变化等规律。

（1）泛京津冀区域 $PM_{2.5}$ 与 O_3 年度变化。

图 4 - 1 展示了统计期内两种污染的年度变化。显然，样本期间，泛京津冀区域整体的 $PM_{2.5}$ 年均浓度在下降，主要由于落实了《重点区域大气污染防治"十二五"规划》和《大气污染防治行动计划》。然而，治理效果并不显著。虽然 2018 年为污染水平的最低年份，但区域的 $PM_{2.5}$ 浓度依然在 57 微克/立方米上下。

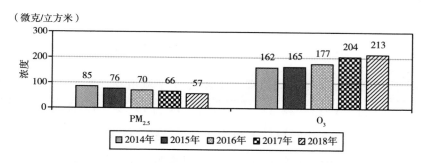

图 4 - 1　泛京津冀区域 $PM_{2.5}$ 与 O_3 污染水平年变化趋势

资料来源：中国国家环境监测中心，http：//www. pm25china. net。

这与 WHO 提出的 $PM_{2.5}$ 小于 10 的安全值仍有较大差距。且泛京津冀区域大气污染整体的 O_3 年均浓度逐年上升，呈现日趋严重的态势。泛京津冀区域全年 8 小时 O_3 浓度在 2018 年均高达 213 微克/立方米。这说明在 $PM_{2.5}$ 污染水平逐渐降低但与相关要求仍有差距的同时，泛京津冀区域又开始面临 O_3 污染的困局。

（2）泛京津冀区域 $PM_{2.5}$ 与 O_3 季度变化。

图 4 - 2 展示了样本期间泛京津冀区域 37 个城市春（3 月、4 月、5 月）、夏（6 月、7 月、8 月）、秋（9 月、10 月、11 月）、冬（12 月、1 月、2 月）四个季节的 $PM_{2.5}$ 平均浓度。显然，冬季 $PM_{2.5}$ 污染水平最高，夏季最低，春、秋两季污染水平相当，季节性变化明显。

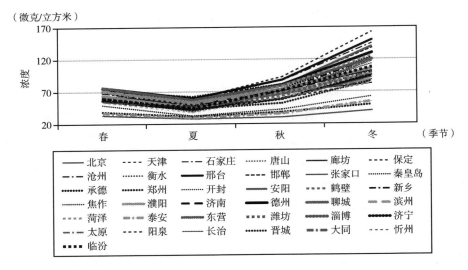

图 4－2　泛京津冀区域 PM$_{2.5}$污染季度变化趋势

图 4－3 展示了样本期间泛京津冀区域 37 个城市春（3 月、4 月、5 月）、夏（6 月、7 月、8 月）、秋（9 月、10 月、11 月）、冬（12 月、1 月、2 月）四个季节的 O$_3$ 最大 8 小时滑动平均浓度。很显然，O$_3$ 与 PM$_{2.5}$不同，夏季 O$_3$ 污染最严重，而冬季污染水平最低，春、夏季污染水平显著高于秋、冬两季。在同一季节中，37 个市的 O$_3$ 污染水平相当。

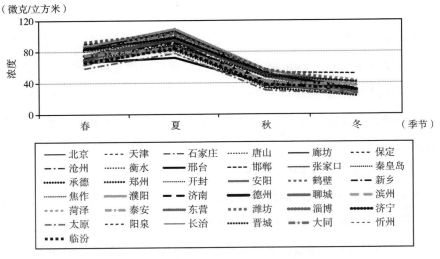

图 4－3　泛京津冀区域 O$_3$最大 8 小时滑动平均浓度季度变化趋势

（3）泛京津冀区域 $PM_{2.5}$ 与 O_3 月度变化。

图 4-4 和图 4-5 展示了 $PM_{2.5}$ 和 O_3 两种污染物的月度变化趋势。显然，无论是 $PM_{2.5}$ 还是 O_3，37 个市的月平均污染浓度变化趋势非常一致。对比两种污染因子，$PM_{2.5}$ 在 12 个月内呈"U"型变化趋势，而 O_3 呈倒"U"型，二者恰好相反。$PM_{2.5}$ 在 12 月污染最严重，在 8~9 月污染水平最低。而 O_3 则在 12 月污染最轻，在 7~8 月最严重，5~6 月 O_3 污染浓度略低于 7~8 月时的峰值。

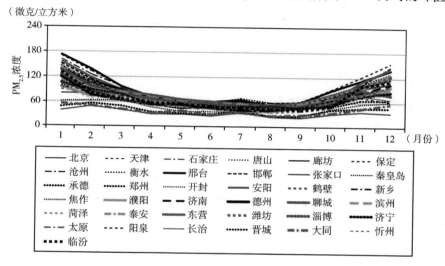

图 4-4　$PM_{2.5}$ 日均浓度的月度变化规律

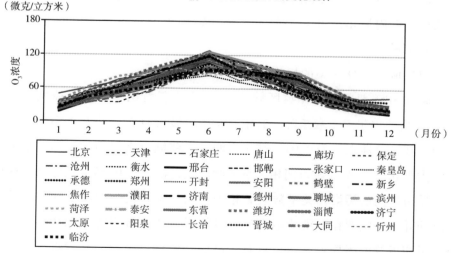

图 4-5　O_3 最大 8 小时平均浓度的月度变化规律

4.1.3.2 空间分布特征

（1）联防联控城市之间 $PM_{2.5}$ 污染物的相关性。

通过 SPSS 计算泛京津冀区域 37 个城市中任意两个联防联控城市之间 $PM_{2.5}$ 污染物的皮尔逊系数，结果任意两个城市 $PM_{2.5}$ 的污染相关系数均在 0.01 显著水平上通过检验。结果表明，有些城市之间的污染相关系数较高，大于 0.65；有些城市间相关系数则很低，没超过 0.45，任意两个联防联控城市之间的污染相关系数显著相关。相关系数较高的两个联防联控城市之间并不一定存在污染传输现象，可能因为两城市污染源相似、污染排放量相近等原因导致其污染具有较高一致性。因此，究竟将哪些城市作为联防联控候选城市尚需进一步分析。根据各城市之间相关系数 r 进行聚类分析，结果如图 4-6 所示。可将泛京津冀地区按照 $PM_{2.5}$ 分为 A = {鹤壁、新乡、郑州、焦作、濮阳、菏泽、聊城、开封、邢台、邯郸、安阳、衡水、德州、沧州、滨州、东营、济南、淄博、泰安、潍坊、济宁}，B = {石家庄、保定}，C = {长治、晋城、太原、忻州、阳泉}，D = {临汾}，E = {张家口、大同、承德、秦皇岛、天津、廊坊、唐山、北京} 五个城市群。根据结果可看出，划分的联防联控区域包含城市较少、范围较小，但两者联防联控区域内城市之间距离较近，由此猜测可能是由于城市间距离因素（d）的影响。

（2）城市间 O_3 污染的相关性。

通过 SPSS 计算泛京津冀区域 37 个城市中任意两个联防联控城市之间 O_3 污染物的皮尔逊系数矩阵。其中，每两个城市 O_3 的污染相关系数都通过检验，其显著性水平为 0.01。结果表明，有些城市之间的污染相关系数较高，大于 0.75；全部城市间相关系数则很低，没超过 0.65；任意两个联防联控城市之间的污染相关系数显著相关。相关系数较高的两个联防联控城市之间并不一定存在污染传输现象，可能因为两个城市污染源相似、污染排放量相近等原因导致其污染具有较高的一致性。因此，究竟将哪些城市作为联防联控候选城市尚需进一步分析。根据各城市之间的相关系数 r，进

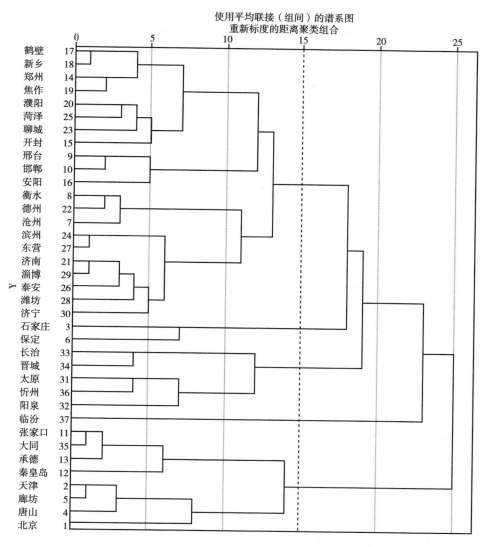

图 4 - 6　泛京津冀区域的各城市 PM$_{2.5}$ 相关系数聚类图

行聚类分析，结果如图 4 - 7 所示。可将泛京津冀区域按照 PM$_{2.5}$ 分为 5 个城市群，为 A = {邯郸、安阳、鹤壁、郑州、新乡、开封、濮阳、石家庄、邢台、保定、焦作、晋城、长治、临汾}，B = {沧州、衡水、滨州、济南、淄博、济宁、潍坊}，C = {大同、忻州，阳泉}，D = {北京、廊坊、天津、秦皇岛、承德}，E = {张家口}。

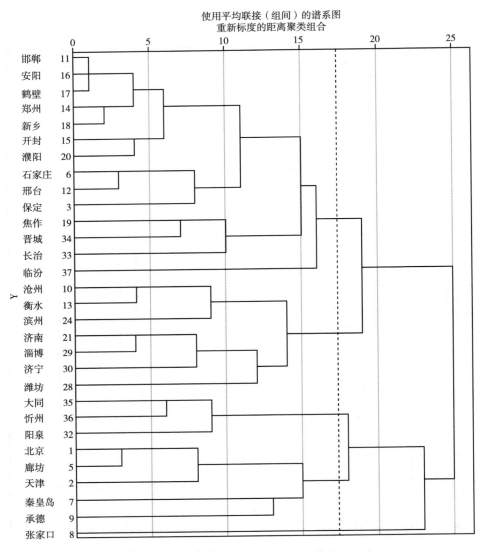

图 4 - 7 泛京津冀区域各城市污染 O_3 相关系数聚类图

（3）城际距离对 $PM_{2.5}$ 相关系数的影响。

为了验证上述猜测，将北京、天津、太原、济南、郑州五个城市作为参照，分析其与周边城市之间的 $PM_{2.5}$ 相关系数 r 与距离 d 之间的关系，如表 4 - 1 所示。

表 4 - 1　五市与其他城市间的 $PM_{2.5}$ 日均浓度相关系数和距离

城市名称	北京		天津		太原		济南		郑州	
	距离(km)	相关系数	距离(km)	相关系数	距离(km)	相关系数	距离(km)	相关系数	距离(km)	相关系数
北京	0	1.000	113.8	0.761	402.3	0.569	364.9	0.308	614.9	0.316
天津	113.8	0.761	0	1.000	427.5	0.526	270.6	0.478	576.9	0.433
保定	140.8	0.659	151.9	0.712	277.9	0.684	286.5	0.604	489.0	0.676
唐山	155.1	0.788	103.6	0.931	525.8	0.528	341.5	0.439	674.2	0.442
廊坊	48.0	0.862	66.2	0.917	403.1	0.589	319.8	0.429	596.2	0.424
石家庄	268.8	0.681	261.4	0.835	173.8	0.647	277.4	0.605	374.6	0.614
秦皇岛	272.2	0.520	226.7	0.811	647.9	0.516	425.3	0.670	782.0	0.604
张家口	159.7	0.524	272.1	0.720	384.6	0.566	500.1	0.691	683.1	0.680
承德	176.3	0.509	217.5	0.653	578.5	0.648	486.3	0.709	785.4	0.761
沧州	182.5	0.448	92.3	0.641	381.0	0.615	186.6	0.765	487.6	0.814
邯郸	418.1	0.727	360.4	0.499	222.3	0.629	235.5	0.299	221.4	0.318
邢台	358.6	0.720	326.4	0.856	196.1	0.497	241.0	0.410	271.6	0.413
衡水	248.6	0.851	201.3	0.718	372.5	0.667	175.3	0.386	381.8	0.441
郑州	614.9	0.316	576.9	0.433	362.9	0.588	381.3	0.805	0	1.000
开封	596.6	0.255	537.2	0.432	374.5	0.520	326.4	0.834	67.1	0.928
安阳	458.6	0.372	412.0	0.554	246.2	0.628	254.2	0.803	165.1	0.900
鹤壁	500.6	0.376	451.2	0.538	270.0	0.628	272.4	0.831	127.6	0.917
新乡	559.1	0.378	514.1	0.538	303.7	0.591	328.3	0.819	67.5	0.941
焦作	590.7	0.348	550.1	0.431	297.8	0.606	384.1	0.774	65.3	0.943

续表

城市名称	北京 距离(km)	北京 相关系数	天津 距离(km)	天津 相关系数	太原 距离(km)	太原 相关系数	济南 距离(km)	济南 相关系数	郑州 距离(km)	郑州 相关系数
濮阳	472.6	0.314	416.6	0.509	318.2	0.532	211.9	0.877	175.0	0.906
济南	364.9	0.308	270.6	0.478	427.5	0.538	0	1.000	381.3	0.805
德州	276.3	0.525	192.9	0.739	331.1	0.568	114.1	0.770	385.8	0.690
聊城	587.6	0.353	310.1	0.568	340.4	0.515	105.0	0.913	285.6	0.801
滨州	313.3	0.492	207.4	0.717	485.7	0.524	113.5	0.813	493.7	0.702
菏泽	522.2	0.191	454.1	0.387	390.1	0.462	216.8	0.880	176.9	0.852
泰安	415.5	0.271	319.5	0.497	441.3	0.486	52.6	0.878	358.6	0.747
东营	337.1	0.453	225.3	0.692	539.9	0.478	162.0	0.771	545.1	0.658
潍坊	425.4	0.279	312.1	0.483	591.6	0.431	177.3	0.817	524.3	0.717
淄博	373.2	0.316	262.9	0.510	500.1	0.498	85.7	0.934	462.6	0.777
济宁	499.8	0.111	410.6	0.330	445.6	0.372	147.5	0.805	280.1	0.755
太原	402.3	0.569	427.5	0.526	0	1.000	427.5	0.538	362.9	0.588
阳泉	330.3	0.553	340.4	0.499	88.0	0.784	338.3	0.539	347.4	0.600
长治	503.2	0.299	482.6	0.353	183.5	0.614	366.7	0.589	170.2	0.694
晋城	581.4	0.320	553.8	0.346	258.1	0.594	404.6	0.527	110.4	0.691
大同	266.3	0.620	451.4	0.514	213.1	0.709	506.6	0.378	596.1	0.411
忻州	356.9	0.569	392.1	0.562	68.2	0.867	434.9	0.516	416.6	0.593
临汾	604.1	0.305	600.1	0.424	220.8	0.615	507.8	0.621	244.5	0.677

注：城市间距离根据 GPS 全球定位系统直线测距所得，下表同。

对于北京市、天津市、太原市、济南市、郑州市五个代表市而言，我们基于城市间 $PM_{2.5}$ 日均浓度相关系数和距离的关系得到了以下的拟合方程，这里 Y 代表相关系数，X 代表城市间的距离。拟合结果 r 与 d 之间均存在显著的线性负相关关系（ R^2 多数大于 0.50），证实了 d 对 r 具有显著的影响作用，即 r 随着 d 的增大而降低。

北京市：$Y = 0.841 - 0.001X(R^2 = 0.615, P < 0.05)$

天津市：$Y = 0.897 - 0.001X(R^2 = 0.668, P < 0.05)$

太原市：$Y = 0.789 - 0.001X(R^2 = 0.540, P < 0.05)$

济南市：$Y = 0.868 - 0.001X(R^2 = 0.241, P < 0.05)$

郑州市：$Y = 0.862 - 0.000485X(R^2 = 0.304, P < 0.05)$

（4）城际距离对 O_3 相关系数的影响。

为验证上述猜测，将北京、天津、太原、济南、郑州五个城市作为参照，分析其与周边城市之间的 O_3 相关系数 r 与距离之间的关系，如表 4-2 所示。

对于北京市、天津市、太原市、济南市和郑州市五个代表市，我们基于城市间 O_3 日均浓度相关系数和距离的关系得到了以下的拟合方程，这里 Y 代表相关系数，X 代表城市间的距离。拟合结果 r 与 d 之间均存在显著的线性负相关关系（ R^2 均大于 0.50），证实了 d 对 r 具有显著的影响作用，即 r 随着 d 的增大而降低。

北京市：$Y = 0.925 - 0.000294X(R^2 = 0.675, P < 0.05)$

天津市：$Y = 0.948 - 0.000283X(R^2 = 0.624, P < 0.05)$

太原市：$Y = 0.945 - 0.000405X(R^2 = 0.740, P < 0.05)$

济南市：$Y = 0.996 - 0.000595X(R^2 = 0.917, P < 0.05)$

郑州市：$Y = 0.963 - 0.000301X(R^2 = 0.869, P < 0.05)$

4.1.3.3　泛京津冀区域大气污染治理联动范围划分

（1）泛京津冀区域大气污染治理 $PM_{2.5}$ 联动范围划分。

为确定出对整个泛京津冀区域污染影响程度大的城市，以整个泛京津冀区域 $PM_{2.5}$ 或者 O_3 浓度为因变量，以各城市 $PM_{2.5}$ 浓度为自变量进行一元线性回归分析，结果如表 4-3 所示。

表4-2　五市与其他城市间的 O_3 日均浓度相关系数和距离

| | 北京 | | | 天津 | | | 太原 | | | 济南 | | | 郑州 | |
城市名称	距离(km)	相关系数	城市名称	距离(km)	相关系数	城市名称	距离(km)	相关系数	城市名称	距离(km)	相关系数	城市名称	距离(km)	相关系数
北京	0	1.000	北京	113.8	0.893	北京	402.3	0.830	北京	364.9	0.744	北京	614.9	0.770
天津	113.8	0.893	天津	0	1.000	天津	427.5	0.776	天津	270.6	0.838	天津	576.9	0.809
保定	140.8	0.924	保定	151.9	0.920	保定	277.9	0.858	保定	286.5	0.823	保定	489.0	0.858
唐山	155.1	0.886	唐山	103.6	0.950	唐山	525.8	0.745	唐山	341.5	0.815	唐山	674.2	0.769
廊坊	48.0	0.949	廊坊	66.2	0.950	廊坊	403.1	0.806	廊坊	319.8	0.790	廊坊	596.2	0.800
石家庄	268.8	0.867	石家庄	261.4	0.865	石家庄	173.8	0.869	石家庄	277.4	0.819	石家庄	374.6	0.878
秦皇岛	272.2	0.802	秦皇岛	226.7	0.853	秦皇岛	647.9	0.731	秦皇岛	425.3	0.764	秦皇岛	782.0	0.742
张家口	159.7	0.870	张家口	272.1	0.803	张家口	384.6	0.869	张家口	500.1	0.682	张家口	683.1	0.766
承德	176.3	0.867	承德	217.5	0.821	承德	578.5	0.802	承德	486.3	0.741	承德	785.4	0.710
沧州	182.5	0.842	沧州	92.3	0.949	沧州	381.0	0.767	沧州	186.6	0.882	沧州	487.6	0.825
邯郸	418.1	0.820	邯郸	360.4	0.873	邯郸	222.3	0.833	邯郸	235.5	0.866	邯郸	221.4	0.925
邢台	358.6	0.833	邢台	326.4	0.862	邢台	196.1	0.863	邢台	241.0	0.844	邢台	271.6	0.911
衡水	248.6	0.835	衡水	201.3	0.917	衡水	372.5	0.795	衡水	175.3	0.883	衡水	381.8	0.857
郑州	614.9	0.770	郑州	576.9	0.809	郑州	362.9	0.821	郑州	381.3	0.799	郑州	0	1.000
开封	596.6	0.755	开封	537.2	0.816	开封	374.5	0.779	开封	326.4	0.830	开封	67.1	0.953
安阳	458.6	0.818	安阳	412.0	0.857	安阳	246.2	0.839	安阳	326.4	0.845	安阳	165.1	0.945
鹤壁	500.6	0.815	鹤壁	451.2	0.866	鹤壁	270.0	0.825	鹤壁	254.2	0.852	鹤壁	127.6	0.947
新乡	559.1	0.792	新乡	514.1	0.831	新乡	303.7	0.817	新乡	272.4	0.813	新乡	67.5	0.965
焦作	590.7	0.754	焦作	550.1	0.797	焦作	297.8	0.798	焦作	328.3	0.779	焦作	65.3	0.935

续表

城市名称	北京 距离(km)	北京 相关系数	天津 城市名称	天津 距离(km)	天津 相关系数	大原 城市名称	大原 距离(km)	大原 相关系数	济南 城市名称	济南 距离(km)	济南 相关系数	郑州 城市名称	郑州 距离(km)	郑州 相关系数
濮阳	472.6	0.780	濮阳	416.6	0.849	濮阳	318.2	0.789	濮阳	211.9	0.890	濮阳	175.0	0.916
济南	364.9	0.744	济南	270.6	0.838	济南	427.5	0.694	济南	0	1.000	济南	381.3	0.799
德州	276.3	0.825	德州	192.9	0.923	德州	331.1	0.778	德州	114.1	0.918	德州	385.8	0.850
聊城	587.6	0.791	聊城	310.1	0.889	聊城	340.4	0.758	聊城	105.0	0.946	聊城	285.6	0.864
滨州	313.3	0.801	滨州	207.4	0.902	滨州	485.7	0.752	滨州	113.5	0.895	滨州	493.7	0.833
菏泽	522.2	0.751	菏泽	454.1	0.836	菏泽	390.1	0.743	菏泽	216.8	0.911	菏泽	176.9	0.883
泰安	415.5	0.773	泰安	319.5	0.854	泰安	441.3	0.731	泰安	52.6	0.934	泰安	358.6	0.830
东营	337.1	0.762	东营	225.3	0.871	东营	539.9	0.728	东营	162.0	0.859	东营	545.1	0.818
潍坊	425.4	0.740	潍坊	312.1	0.820	潍坊	591.6	0.699	潍坊	177.3	0.888	潍坊	524.3	0.804
淄博	373.2	0.752	淄博	262.9	0.844	淄博	500.1	0.706	淄博	85.7	0.969	淄博	462.6	0.800
济宁	499.8	0.747	济宁	410.6	0.840	济宁	445.6	0.723	济宁	147.5	0.928	济宁	280.1	0.841
太原	402.3	0.830	太原	427.5	0.776	太原	0	1.000	太原	427.5	0.694	太原	362.9	0.821
阳泉	330.3	0.852	阳泉	340.4	0.806	阳泉	88.0	0.923	阳泉	338.3	0.759	阳泉	347.4	0.823
长治	503.2	0.803	长治	482.6	0.843	长治	183.5	0.853	长治	366.7	0.813	长治	170.2	0.898
晋城	581.4	0.764	晋城	553.8	0.804	晋城	258.1	0.837	晋城	404.6	0.734	晋城	110.4	0.904
大同	266.3	0.816	大同	451.4	0.764	大同	213.1	0.894	大同	506.6	0.662	大同	596.1	0.775
忻州	356.9	0.839	忻州	392.1	0.794	忻州	68.2	0.942	忻州	434.9	0.713	忻州	416.6	0.798
临汾	604.1	0.774	临汾	600.1	0.814	临汾	220.8	0.847	临汾	507.8	0.711	临汾	244.5	0.854

表 4 – 3　　　　泛京津冀区域与各城市 PM$_{2.5}$污染浓度的线性回归结果

城市	线性回归方程	R^2	Sig.
北京	$Y = 34.523 + 0.442X$	0.338	0.000
天津	$Y = 23.588 + 0.634X$	0.540	0.000
石家庄	$Y = 16.793 + 0.571X$	0.750	0.000
唐山	$Y = 20.828 + 0.565X$	0.494	0.000
廊坊	$Y = 25.017 + 0.612X$	0.510	0.000
保定	$Y = 18.154 + 0.578X$	0.735	0.000
沧州	$Y = 15.865 + 0.683X$	0.720	0.000
衡水	$Y = 15.445 + 0.667X$	0.776	0.000
邢台	$Y = 18.053 + 0.559X$	0.830	0.000
邯郸	$Y = 15.087 + 0.599X$	0.867	0.000
张家口	$Y = 33.535 + 0.734X$	0.240	0.000
秦皇岛	$Y = 27.891 + 0.754X$	0.447	0.000
承德	$Y = 26.664 + 0.940X$	0.451	0.0000
郑州	$Y = 20.617 + 0.555X$	0.759	0.0000
开封	$Y = 21.237 + 0.539X$	0.737	0.0000
安阳	$Y = 17.627 + 0.532X$	0.863	0.0000
鹤壁	$Y = 12.017 + 0.801X$	0.859	0.0000
新乡	$Y = 11.565 + 0.735X$	0.827	0.0000
焦作	$Y = 14.870 + 0.629X$	0.734	0.0000
濮阳	$Y = 19.231 + 0.584X$	0.807	0.0000
济南	$Y = 16.110 + 0.759X$	0.725	0.0000
德州	$Y = 14.705 + 0.763X$	0.808	0.0000
聊城	$Y = 14.039 + 0.701X$	0.791	0.0000
滨州	$Y = 14.172 + 0.759X$	0.770	0.0000
菏泽	$Y = 22.095 + 0.575X$	0.672	0.0000
泰安	$Y = 21.047 + 0.683X$	0.671	0.0000
东营	$Y = 19.459 + 0.772X$	0.691	0.0000
潍坊	$Y = 21.668 + 0.654X$	0.624	0.0000
淄博	$Y = 15.211 + 0.729X$	0.712	0.0000
济宁	$Y = 19.427 + 0.736X$	0.536	0.0000
太原	$Y = 16.865 + 0.699X$	0.528	0.0000

城市	线性回归方程	R^2	Sig.
阳泉	$Y = 18.670 + 0.645X$	0.526	0.0000
长治	$Y = 19.490 + 0.702X$	0.495	0.0000
晋城	$Y = 24.077 + 0.543X$	0.472	0.0000
大同	$Y = 23.540 + 0.903X$	0.325	0.0000
忻州	$Y = 24.409 + 0.616X$	0.543	0.0000
临汾	$Y = 24.392 + 0.470X$	0.579	0.0000

本书以 $R^2 > 0.5$ 作为各城市对泛京津冀区域 $PM_{2.5}$ 污染贡献大小的判别判定值，如果 $R^2 > 0.50$，就可将该城市作为泛京津冀区域 $PM_{2.5}$ 联动治理候选城市之一。根据表4-3结果，我们发现，针对天津、石家庄、廊坊、保定、沧州、衡水、邢台、邯郸、郑州、开封、安阳、鹤壁、新乡、焦作、濮阳、济南、德州、聊城、滨州、菏泽、泰安、东营、潍坊、淄博、济宁、太原、阳泉、忻州、临汾这些城市的拟合方程的 R^2 系数大于0.5，而北京、唐山、张家口、秦皇岛、承德、长治、晋城、大同八个城市对应的拟合方程的 R^2 系数小于0.5。因此，我们选取天津、石家庄、廊坊、保定、沧州、衡水、邢台、邯郸、郑州、开封、安阳、鹤壁、新乡、焦作、濮阳、济南、德州、聊城、滨州、菏泽、泰安、东营、潍坊、淄博、济宁、太原、阳泉、忻州、临汾29个市作为 $PM_{2.5}$ 联防联控的重点城市。

将最终确定的候选城市任意城市之间的皮尔逊相关系数进行聚类的结果如图4-8所示。泛京津冀区域被划分为 $R_1 = \{$鹤壁，焦作，濮阳，菏泽，滨州，东营，济南，新乡，郑州，淄博，泰安，聊城，开封，潍坊，济宁$\}$、$R_2 = \{$太原，忻州，阳泉$\}$、$R_3 = \{$天津，德州，廊坊，衡水，沧州$\}$、$R_4 = \{$邢台，邯郸，安阳，石家庄，保定$\}$、$R_5 = \{$临汾$\}$ 共五个联防联控子区域。

（2）泛京津冀区域大气污染治理 O_3 联动范围划分。

为确定出对整个泛京津冀区域污染影响程度大的城市，以整个泛京津冀区域 O_3 浓度为因变量，以各城市 O_3 浓度为自变量进行一元线性回归分析，结果如表4-4所示。

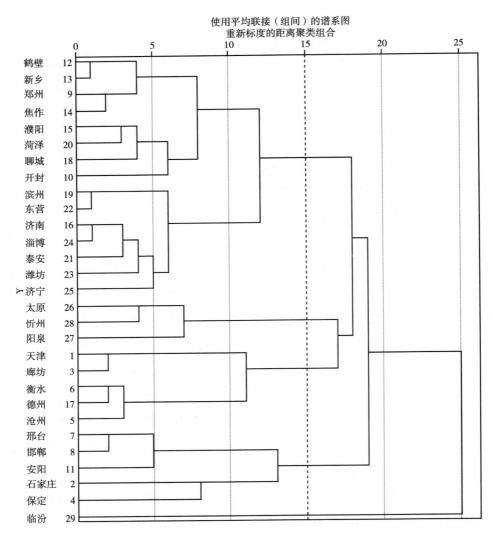

图 4 - 8　泛京津冀区域大气污染 PM$_{2.5}$ 联动子区域划分

表 4 - 4　　　泛京津冀区域与各城市 O$_3$ 污染浓度的线性回归结果

城市	线性回归方程	R^2	Sig.
北京	$Y = 15.767 + 0.890X$	0.783	0.000
天津	$Y = 17.901 + 0.806X$	0.88	0.000
保定	$Y = 17.429 + 0.750X$	0.909	0.000
唐山	$Y = 18.861 + 0.864X$	0.817	0.000
廊坊	$Y = 17.894 + 0.855X$	0.839	0.000

续表

城市	线性回归方程	R^2	Sig.
石家庄	$Y = 13.807 + 0.869X$	0.896	0.000
秦皇岛	$Y = 10.412 + 0.963X$	0.736	0.000
张家口	$Y = -4.212 + 0.936X$	0.730	0.000
承德	$Y = 18.992 + 0.868X$	0.694	0.000
沧州	$Y = 12.396 + 0.787X$	0.895	0.000
邯郸	$Y = 10.512 + 0.850X$	0.937	0.000
邢台	$Y = 12.972 + 0.875X$	0.916	0.000
衡水	$Y = 8.728 + 0.844X$	0.914	0.000
郑州	$Y = 9.603 + 0.904X$	0.858	0.000
开封	$Y = 5.488 + 0.901X$	0.858	0.000
安阳	$Y = 9.003 + 0.908X$	0.925	0.000
鹤壁	$Y = 9.137 + 0.860X$	0.929	0.000
新乡	$Y = 10.685 + 0.855X$	0.883	0.000
焦作	$Y = 8.671 + 0.826X$	0.826	0.000
濮阳	$Y = 1.140 + 0.924X$	0.903	0.000
济南	$Y = 18.184 + 0.685X$	0.828	0.000
德州	$Y = 8.654 + 0.784X$	0.924	0.000
聊城	$Y = 10.587 + 0.775X$	0.911	0.000
滨州	$Y = 9.223 + 0.821X$	0.886	0.000
菏泽	$Y = 4.381 + 0.858X$	0.867	0.000
泰安	$Y = 11.697 + 0.794X$	0.859	0.000
东营	$Y = 3.112 + 0.870X$	0.848	0.000
潍坊	$Y = 7.657 + 0.878X$	0.804	0.000
淄博	$Y = 12.522 + 0.783X$	0.840	0.000
济宁	$Y = 12.017 + 0.786X$	0.855	0.000
太原	$Y = 13.971 + 0.946X$	0.769	0.000
阳泉	$Y = 10.591 + 0.926X$	0.810	0.000
长治	$Y = 3.780 + 0.809X$	0.878	0.000
晋城	$Y = -1.542 + 0.881X$	0.809	0.000
大同	$Y = 7.264 + 1.104X$	0.715	0.000
忻州	$Y = 18.956 + 0.879X$	0.777	0.000
临汾	$Y = 18.155 + 0.739X$	0.786	0.000

　　本书以 $R^2 > 0.65$ 作为各城市对京津冀区域 O_3 污染贡献大小的判别判定值，如果 $R^2 > 0.65$，就可将该城市作为京津冀区域 O_3 联动治理候选城市之

一。根据表 4 – 4 的结果，我们发现针对泛京津冀区域 37 个市的拟合方程的 R^2 系数都大于 0.65。因此，我们将泛京津冀区域 37 个市都选取作为 O_3 联防联控的重点城市。

将最终确定的 37 个候选城市任意城市之间的皮尔逊相关系数进行聚类分析，谱系图中 SPSS 软件自动剔除了 7 个城市，结果如图 4 – 9 所示。泛京津

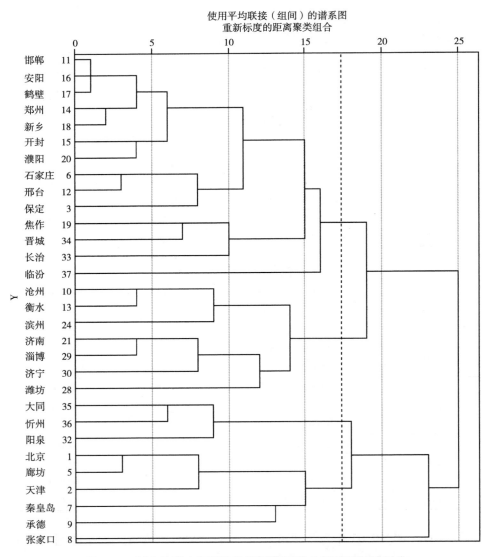

图 4 – 9 泛京津冀大气污染传输通道区域 O_3 联动子区域划分

冀区域被划分为 5 个 O_3 联防联控子区域，分别为 $R_1 = \{$邯郸、安阳、鹤壁、郑州、新乡、开封、濮阳、石家庄、邢台、保定、焦作、晋城、长治、临汾$\}$，$R_2 = \{$沧州、衡水、滨州、济南、淄博、济宁、潍坊$\}$，$R_3 = \{$大同、忻州，阳泉$\}$，$R_4 = \{$北京、廊坊、天津、秦皇岛、承德$\}$，$R_5 = \{$张家口$\}$。

4.1.3.4　泛京津冀区域大气污染治理联动等级划分

（1）泛京津冀区域大气污染治理 $PM_{2.5}$ 污染联动等级划分。

由 2014 年 1 月 1 日至 2018 年 12 月 31 日泛京津冀区域大气污染 29 个城市的 $PM_{2.5}$ 日均浓度数据，计算区域内每个联动子区域所包含城市的 $PM_{2.5}$ 在 2014 年 1 月 1 日至 2018 年 12 月 31 日均浓度的均值，代表该子区域的 $PM_{2.5}$ 污染程度。经过计算，得到表 4 - 5 的结果。

表 4 - 5　　　　　　　　各子区域 $PM_{2.5}$ 污染水平描述性统计

联动子区域	均值	标准差	变异系数
$R_1 = \{$鹤壁，新乡，郑州，焦作，濮阳，菏泽，聊城，开封，滨州，东营，济南，淄博，泰安，潍坊，济宁$\}$	73.38	44.37	0.605
$R_2 = \{$太原，忻州，阳泉$\}$	60.64	42.32	0.698
$R_3 = \{$天津，廊坊，衡水，德州，沧州$\}$	75.68	52.52	0.694
$R_4 = \{$邢台，邯郸，安阳，石家庄，保定$\}$	90.30	65.94	0.730
$R_5 = \{$临汾$\}$	69.21	55.07	0.796

从表 4 - 5 可知，各子区域对应的 $PM_{2.5}$ 污染水平指标 C_i 分别为 73.38、60.64、75.68、90.30、69.21。各子区域对应的 $PM_{2.5}$ 治理弹性 E_i 分别为 0.605、0.698、0.694、0.730、0.796。

由《中国统计年鉴》及各城市统计局网站中 2014～2018 年的数据，上述 29 个城市的所需数据如表 4 - 6 所示，其中，人口表示常住人口。据此得到各子区域的人口密度。由表 4 - 6 可知，R_1、R_2、R_3、R_4 和 R_5 的平均人口密度衡量的健康损害指标 H_i 分别为 702.857、241.290、749.034、644.932、219.904。

表4-6   各子区域平均人口密度

联动子区域	人口（万人）	面积（万平方千米）	人口密度（人/平方千米）
R_1 = {鹤壁，新乡，郑州，焦作，濮阳，菏泽，聊城，开封，滨州，东营，济南，淄博，泰安，潍坊，济宁}	8553.614	12.1698	702.857
R_2 = {太原，忻州，阳泉}	890.89	3.6922	241.290
R_3 = {天津，廊坊，衡水，德州，沧州}	3822.77	5.1036	749.034
R_4 = {邢台，邯郸，安阳，石家庄，保定}	4393.468	6.8123	644.932
R_5 = {临汾}	445.856	2.0275	219.904

各子区域对整个泛京津冀区域 $PM_{2.5}$ 污染影响力的计算如下。由 2014 年 1 月 1 日至 2018 年 12 月 31 日研究的 29 个城市的 $PM_{2.5}$ 日均浓度数据，得出此阶段的 $PM_{2.5}$ 日均浓度均值，作为泛京津冀整体的 $PM_{2.5}$ 污染水平。并且，求得各联动子区域中城市的 $PM_{2.5}$ 日均浓度均值，作为其 $PM_{2.5}$ 污染水平。分别以研究区域和各子区域的 $PM_{2.5}$ 日均浓度为因变量、自变量，做线性拟合，得到表4-7。由此可得，各联动子区域对整个泛京津冀区域 $PM_{2.5}$ 污染的影响力指标 I_i 分别为 0.903、0.759、0.762、0.621 和 0.496。

表4-7   各子区域与整个区域 $PM_{2.5}$ 浓度的一元线性回归结果

联动子区域	非标准化方程	R^2	F	Sig.
R_1 = {鹤壁，新乡，郑州，焦作，濮阳，菏泽，聊城，开封，滨州，东营，济南，淄博，泰安，潍坊，济宁}	$Y = 5.024 + 0.903X$	0.880	13256.40	0.000
R_2 = {太原，忻州，阳泉}	$Y = 25.089 + 0.759X$	0.573	2384.804	0.000
R_3 = {天津，廊坊，衡水，德州，沧州}	$Y = 13.622 + 0.762X$	0.876	12764.71	0.000
R_4 = {邢台，邯郸，安阳，石家庄，保定}	$Y = 15.168 + 0.621X$	0.919	20404.20	0.000
R_5 = {临汾}	$Y = 36.840 + 0.496X$	0.414	1249.674	0.000

因变量：泛京津冀区域的 $PM_{2.5}$ 日均浓度。

自变量：各子区域的 $PM_{2.5}$ 日均浓度。

根据前文的等级划分方法，以 C_i^p、H_i、I_i^p、E_i^p 四个指标进行评价，得到 4 个 $PM_{2.5}$ 联动区域的原始数据，如表4-8所示。

表 4 - 8　　　　　　　　　　　**各子区域四个指标原始值**

区域	指标			
	C_i^p	H_i	I_i^p	E_i^p
R_1	73.38	702.857	0.903	0.605
R_2	60.64	241.290	0.759	0.698
R_3	75.68	749.034	0.762	0.694
R_4	90.30	644.932	0.621	0.730
R_5	69.21	219.904	0.496	0.796

采用极值法消除无量纲影响，如表 4 - 9 所示。

表 4 - 9　　　　　　　　　**各子区域四个指标原始值标准化结果**

区域	指标			
	C_i^p	H_i	I_i^p	E_i^p
R_1	2.474	1.328	2.219	3.168
R_2	2.045	0.456	1.865	3.654
R_3	2.552	1.416	1.872	3.634
R_4	3.045	1.219	1.526	3.822
R_5	2.333	0.416	1.219	4.168

运用熵值法计算出每个指标的权重系数，如表 4 - 10 所示。

表 4 - 10　　　　　　　　　　　**四项指标权重系数**

数值	指标			
	C_i^p	H_i	I_i^p	E_i^p
熵值 e_j	-7.1206	-0.2407	-3.1005	-15.0045
差异系数 g_j	8.1206	1.2407	4.1005	16.0045
权重系数 w_j	0.2877	0.0440	0.1392	0.5670

选取 R_1 为评价对象，计算评价序列与最优（劣）参考序列的灰色关联系数 1（2），如表 4 - 11 和表 4 - 12 所示。

表 4 – 11   最优与最劣参考序列

序列	指标			
	C_i^p	H_i	I_i^p	E_i^p
评价序列	21.1117	30.8948	0.0915	0.3430
最优参考序列	4.8679	2.0298	0.0000	0.1083
最劣参考序列	3.6653	21.2287	0.0412	0.0000

表 4 – 12   关联系数结果

关联系数	指标			
	C_i^p	H_i	I_i^p	E_i^p
关联系数 1	0.2028	0.0374	0.1013	0.5618
关联系数 2	0.2188	0.0156	0.1010	0.5670

计算评价序列与最优（劣）参考序列的灰色关联度 1（2），如表 4 – 13 所示。

表 4 – 13   关联系数最终结果

关联系数 1	0.9033
关联系数 2	0.9023

计算出最终的灰色关联贴切度 Q = 0.5003。

由上述结果可以看出，R_1 在整个评价系统的灰色关联贴切度为 0.5003，即 R_1 在泛京津冀区域 5 个 $PM_{2.5}$ 联动子区域的综合得分。同理可以评价其他子区域的综合得分，如表 4 – 14 所示。

表 4 – 14   泛京津冀区域大气污染 5 个联动子区域评价结果

联动子区域	综合得分	等级
R_1	0.5003	3
R_2	0.4600	5
R_3	0.5085	2
R_4	0.5376	1
R_5	0.4800	4

根据表 4 – 14 可知 5 个子区域的等级排列为 $R_4 > R_3 > R_1 > R_5 > R_2$。

（2）泛京津冀区域大气污染治理 O_3 污染联动等级划分。

各子区域 O_3 污染程度和治理弹性的计算如下。依据 2014 年 1 月 1 日至 2018 年 12 月 31 日泛京津冀大气污染 30 个城市的 O_3 日均浓度数据，计算 R_1、 R_2、R_3、R_4、R_5 中 O_3 日均浓度的均值，表示该子区域的 O_3 污染程度。表 4 – 15 是各联动子区域 O_3 污染水平的计算结果。

表 4 – 15　　　　　　　各子区域 O_3 污染水平描述性统计

联动子区域	均值	标准差	变异系数
R_1 = {邯郸、安阳、鹤壁、郑州、新乡、开封、濮阳、石家庄、邢台、保定、焦作、晋城、长治、临汾}	59.03	32.66	0.553
R_2 = {沧州、衡水、滨州、济南、淄博、济宁、潍坊}	66.00	36.36	0.551
R_3 = {大同、忻州、阳泉}	57.30	29.24	0.510
R_4 = {北京、廊坊、天津、秦皇岛、承德}	56.40	33.05	0.586
R_5 = {张家口}	74.39	33.47	0.450

从表 4 – 15 可以看出，R_1、R_2、R_3、R_4 和 R_5 各子区域对应的 O_3 污染水平指标 C_i 分别为 59.03、66.00、57.30、56.40、74.39。各子区域对应的 O_3 治理弹性 E_i 分别为 0.553、0.551、0.510、0.586、0.450。

各子区域人口密度计算如下。由《中国统计年鉴》、各区域统计局网站等获取的 2014 ~ 2018 年数据，由 30 个城市的常住人口、国土面积数据，以及各子区域中的城市，得到各子区域的平均人口密度。具体各联动子区域的由平均人口密度衡量的健康损害指标 H_i 分别为 581.201、611.994、180.956、592.622 和 129.887，如表 4 – 16 所示。

表 4 – 16　　　　　　　　各子区域平均人口密度

联动子区域	人口（万人）	面积（万平方千米）	人口密度（人/平方千米）
R_1 = {邯郸、安阳、鹤壁、郑州、新乡、开封、濮阳、石家庄、邢台、保定、焦作、晋城、长治、临汾}	8386.217	14.42911	581.201
R_2 = {沧州、衡水、滨州、济南、淄博、济宁、潍坊}	4574.958	7.4755	611.994
R_3 = {大同、忻州、阳泉}	797.998	4.4099	180.956
R_4 = {北京、廊坊、天津、秦皇岛、承德}	4870.644	8.2188	592.622
R_5 = {张家口}	467.594	3.6	129.887

各子区域对整个泛京津冀区域 O_3 污染影响力的计算如下。由 2014 年 1 月 1 日至 2018 年 12 月 31 日泛京津冀大气污染 30 个城市的 O_3 日均浓度数据，得出 30 个城市的 O_3 日均浓度均值，看作研究区域整体的 O_3 污染水平。并且，计算 R_1、R_2、R_3、R_4 和 R_5 中城市的 O_3 日均浓度均值，看作该子区域的 O_3 污染水平。以泛京津冀传输通道区域的和各子区域 O_3 日均浓度分别为因变量、自变量，对其进行线性拟合，如表 4 − 17 所示。故各联动子区域对整个泛京津冀区域 O_3 污染的影响力指标 I_i 分别为 0. 940、0. 825、0. 966、0. 892 和 0. 780。

表 4 − 17 各子区域与整个区域 O_3 浓度的一元线性回归结果

联动子区域	非标准化方程	R^2	F	Sig.
$R_1 = \{$邯郸、安阳、鹤壁、郑州、新乡、开封、濮阳、石家庄、邢台、保定、焦作、晋城、长治、临汾$\}$	$Y = 5.543 + 0.940X$	0. 950	33940. 64	0. 000
$R_2 = \{$沧州、衡水、滨州、济南、淄博、济宁、潍坊$\}$	$Y = 6.554 + 0.825X$	0. 908	17754. 01	0. 000
$R_3 = \{$大同、忻州，阳泉$\}$	$Y = 5.691 + 0.966X$	0. 803	7372. 70	0. 000
$R_4 = \{$北京、廊坊、天津、秦皇岛、承德$\}$	$Y = 10.687 + 0.892X$	0. 877	12855. 75	0. 000
$R_5 = \{$张家口$\}$	$Y = 2.975 + 0.780X$	0. 687	3969. 38	0. 000

根据前文 4.1.2 节等级划分方法，以 C_i^p、H_i、I_i^p、E_i^p 四个指标进行评价，得到 5 个 O_3 联动区域的原始数据，如表 4 − 18 所示。

表 4 − 18 各子区域四个指标原始值

区域	指标			
	C_i^p	H_i	I_i^p	E_i^p
R_1	59. 03	581. 201	0. 940	0. 553
R_2	66. 00	611. 994	0. 825	0. 551
R_3	57. 30	180. 956	0. 966	0. 510
R_4	56. 40	592. 622	0. 892	0. 586
R_5	74. 39	129. 887	0. 780	0. 450

采用极值法消除无量纲影响，如表 4 − 19 所示。

表 4 – 19　　　　　　　　　各子区域四个指标原始值标准化结果

区域	指标			
	C_i^p	H_i	I_i^p	E_i^p
R_1	3. 2813	1. 2055	5. 0538	4. 0662
R_2	3. 6687	1. 2694	4. 4355	4. 0515
R_3	3. 1851	0. 3753	5. 1935	3. 7500
R_4	3. 1351	1. 2292	4. 7957	4. 3088
R_5	4. 1351	0. 2694	4. 1935	3. 3088

运用熵值法计算出每个指标的权重系数，如表 4 – 20 所示。

表 4 – 20　　　　　　　　　　四项指标权重系数

数值	指标			
	C_i^p	H_i	I_i^p	E_i^p
熵值 e_j	− 13. 5511	− 0. 0377	− 22. 9154	− 16. 5161
差异系数 g_j	14. 5511	1. 0377	23. 9154	17. 5161
权重系数 w_j	0. 2552	0. 0182	0. 4194	0. 3072

选取 R_1 为评价对象，计算评价序列与最优（劣）参考序列的灰色关联系数 1（2），如表 4 – 21 和表 4 – 22 所示。

表 4 – 21　　　　　　　　　　最优与最劣参考序列

序列	指标			
	C_i^p	H_i	I_i^p	E_i^p
评价序列	0. 8373	0. 0219	2. 1196	1. 2491
最优参考序列	0. 2179	0. 0012	0. 0586	0. 0745
最劣参考序列	0. 0373	0. 0170	0. 3608	0. 2327

表 4 – 22　　　　　　　　　　关联系数结果

关联系数	指标			
	C_i^p	H_i	I_i^p	E_i^p
关联系数 1	0. 1252	0. 0181	0. 3278	0. 2266
关联系数 2	0. 1780	0. 1940	0. 0771	0. 0994

计算评价序列与最优（劣）参考序列的灰色关联度 1 (2)，如表 4 - 23 所示。

表 4 - 23　　　　　　　　　　　　关联系数最终结果

关联系数 1	0.6970
关联系数 2	0.5485

计算出最终的灰色关联贴切度 Q = 0.5599。

由上述结果可以看出，R_1 在整个评价系统的灰色关联贴切度为 0.5599，即 R_1 在泛京津冀区域 5 个 O_3 联动子区域的综合得分。同理可以评价其他子区域的综合得分，如表 4 - 24 所示。

表 4 - 24　　　　　　泛京津冀区域大气污染 5 个联动子区域评价结果

联动子区域	综合得分	等级
R_1	0.5599	1
R_2	0.5039	4
R_3	0.5455	2
R_4	0.5360	3
R_5	0.4257	5

根据表 4 - 24 可知，5 个子区域的等级排列为 $R_1 > R_3 > R_4 > R_2 > R_5$。

综合考虑各联控子区域污染严重程度、评价人口密度、治理弹性、各子区域对整个区域污染的影响水平等多个关键属性特征，基于 TOPSIS—灰色关联综合评价模型进行联控等级划分的结果与实际情况吻合，具有科学性。这种划分子区域联防联控等级有利于提高空气质量、缩减经费开支，对我国大气污染联防联控治理具有重要的战略意义。

4.2　考虑多种大气污染物的协同治理区域划分及等级评价研究

4.2.1　文献综述

目前划分协同治理子区域的方法主要有两种：一是按照大气污染自身特

点；二是按照生态环境的地理特点，即大气流动规律。就目前而言现有的两种方法都缺乏系统性：第一种方法将大气污染孤立研究，未能全面考虑污染地区的自然、经济、社会等综合因素。第二种方法虽然将污染地区影响空气流动的自然因素考虑其中，在解决大范围、高复合度城市群环境污染问题方面更有效，但忽视了中国行政管理体系的现状，过多地划分子区域，导致协同治理难度较大（赵新峰等，2019）。针对京津冀区域的大范围大气污染治理，由于范围较大、参与主体多，导致协同太困难（Wang et al.，2012）。另外，目前划分协同治理区域时只考虑了单一污染物（如 $PM_{2.5}$）的影响，还没有考虑多种大气污染物的相关研究，如中国酸雨"两控区"，谢等（Xie et al.，2018）研究长三角地区 O_3 和 $PM_{2.5}$ 单一污染物联防联控分区。面对大气污染多种污染性特征只考虑一种污染物治理已不能有效解决综合性大气污染问题，只有同时综合考虑多种污染物才能切实有效地解决当前中国大气污染问题。

关于如何制定协同子区域治理等级的相关研究成果目前非常少，但可借鉴多属性综合评价在其他领域的研究成果。多属性综合评价理论的 TOPSIS 法常被用以财务评价（Silva et al.，2020）、水质量评价（Singhet al.，2018）、城市/行业竞争力比较（王刚等，2019）、可再生能源系统排序（Şengület al.，2015）、工程项目风险评价（Taylanet al.，2014）。在大气污染治理领域，如谢等（Xie et al.，2018）将 TOPSIS 用于联防联控区域及等级划分。但是，它也存在一定的应用局限性，即若根据欧式距离对方案排序，可能会出现与正、负理想点欧式距离都接近的方案，这样就无法评估各方案的优劣性。

因此，TOPSIS 法在这种特殊情况下需要通过其他手段进行改造。灰色理论是灰色关联分析的理论基础，选取最优指标数据作为参考数列则为其中心思想，常被广泛用于电网规模评价（Hui Li et al.，2019）、环境影响因素评价（Zhao et al.，2019）、绩效评估（Sarraf et al.，2020）、可持续发展评价（Wu et al.，2013）等方面。灰色关联分析主要通过对比各个方案与最优方案之间的关联程度，来评价各方案的相对优劣。然而该分析法也有不容忽视的不足之处，即它只能根据各评价方案共同因素间的关联性开展度量，故灰色关联分析应该辅以其他方案加以弥补。

基于 TOPSIS 法和灰色关联分析法各自优势，建立 TOPSIS—灰色关联综合评价法，使研究结果更具综合性、科学性，提高评价结果的贴切度。目前，这两种方法综合应用于城市可持续发展评价（Juan et al.，2019）、多属性决策评价（Baranitharan et al.，2019）、网络信息生态链值流动综合评价（张海涛等，2019）、新兴产业选择与评价（龚新蜀等，2016）等方面，目前尚无用于区域大气污染协同治理等级评价的案例。

综上所述，运用污染物日均浓度数据和城市月评价的环境空气质量综合指数，通过相关性分析、线性回归、聚类分析等方法确定协同治理子区域。构建协同治理子区域大气污染程度、平均人口密度、子区域对区域整体污染影响程度和污染治理弹性四个等级评价指标，并提出采用 TOPSIS—灰色关联综合评价模型进行等级评价的新方法，最后以中国泛京津冀区域为例进行实证分析，检验该方法的有效性。

4.2.2 方法和模型构建

考虑多种大气污染物的协同治理区域划分及等级评价研究，分为三个步骤：第一，多种大气污染物的协同治理子区域划分；第二，基于 TOSIS—灰色关联分析法划分协同治理子区域的等级；第三，分析验证结果有效性，研究框架结构如图 4 – 10 所示。

4.2.2.1 多种大气污染物的协同治理区域划分

任选一个大气污染重点区域（Area，A）包含 k 个城市，采用污染物日均浓度数据和环境空气质量综合指数对该区域 A 进行一元线性回归分析、皮尔逊相关性分析和系统聚类分析等进行区域划分，将区域 A 划分为若干协同治理子区域，具体步骤如下。

步骤 1：计算环境空气质量综合指数。

环境 AQI 与综合污染程度呈正相关。任意城市月评价的环境空气质量综合指数计算方法如下。

计算各个污染物的统计量浓度值。获取各城市的 i 污染物月均浓度数据，

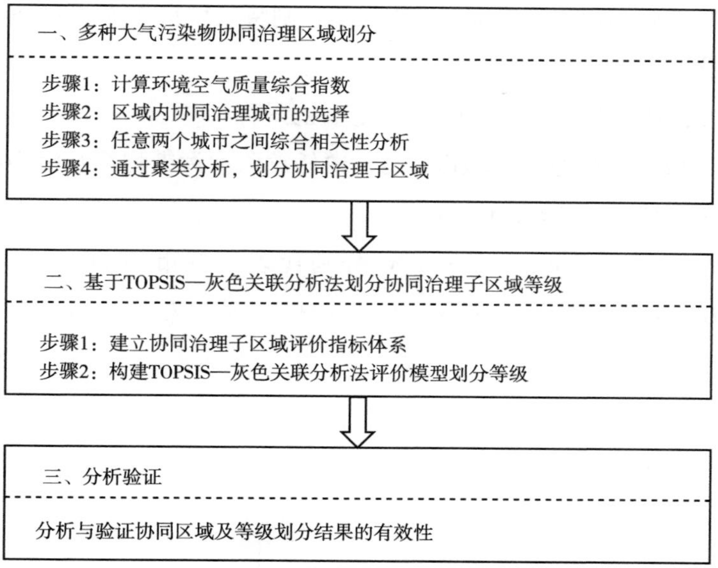

```
┌─────────────────────────────────────────────────┐
│  一、多种大气污染物协同治理区域划分                    │
│  ┄┄┄┄┄┄┄┄┄┄┄┄┄┄┄┄┄┄┄┄┄┄┄┄┄┄┄┄┄┄┄┄┄┄┄┄┄┄┄┄┄┄┄┄┄┄ │
│    步骤1：计算环境空气质量综合指数                     │
│    步骤2：区域内协同治理城市的选择                     │
│    步骤3：任意两个城市之间综合相关性分析               │
│    步骤4：通过聚类分析，划分协同治理子区域             │
└─────────────────────────────────────────────────┘
                        ⇩
┌─────────────────────────────────────────────────┐
│  二、基于TOPSIS—灰色关联分析法划分协同治理子区域等级     │
│  ┄┄┄┄┄┄┄┄┄┄┄┄┄┄┄┄┄┄┄┄┄┄┄┄┄┄┄┄┄┄┄┄┄┄┄┄┄┄┄┄┄┄┄┄┄┄ │
│    步骤1：建立协同治理子区域评价指标体系                │
│    步骤2：构建TOPSIS—灰色关联分析法评价模型划分等级      │
└─────────────────────────────────────────────────┘
                        ⇩
┌─────────────────────────────────────────────────┐
│  三、分析验证                                        │
│  ┄┄┄┄┄┄┄┄┄┄┄┄┄┄┄┄┄┄┄┄┄┄┄┄┄┄┄┄┄┄┄┄┄┄┄┄┄┄┄┄┄┄┄┄┄┄ │
│    分析与验证协同区域及等级划分结果的有效性            │
└─────────────────────────────────────────────────┘
```

图 4 - 10　研究框架结构

其中 CO 和 O_3 分别取日均值的第 95 百分位数、最大 8 小时值的第 90 百分位数。

计算各污染物的单项指数，i（污染物）的单项指数 I_i 为：

$$I_i = \frac{C_i}{S_i} \tag{4 - 26}$$

其中，C_i 是污染物 i 的浓度值，C_i 为月均值（当 i 为 CO、O_3 时，C_i 为特定百分位数浓度值）；S_i 是污染物 i 的年均值二级标准（当 i 为 CO、O_3 时，分别为日、八小时均值二级标准）。计算环境空气质量综合指数 I_{sum}：

$$I_{sum} = \sum_i I_i \tag{4 - 27}$$

其中，I_{sum} 是环境空气质量综合指数；I_i 是污染物 i 的单项指数。

步骤 2：区域内协同治理城市的选择。

为确定区域 A 内每个城市对区域 A 的综合污染影响程度，选择综合污染水平较大的城市作为 A 区域协同治理遴选城市。自变量 X（因变量 Y）为 A 区域内任一城市（整个 A 区域）的环境空气质量综合指数，对此线性拟合，若一元线性回归方程的斜率越大，则说明这个城市对区域 A 大气污染水平越高。设定一个临界值，若斜率大于临界值，则将该城市作为 A 区域协同治理遴选城市之一。

步骤 3：任意两个城市之间综合相关性分析。

算出区域 A 内任意两个城市 x 与 y 中任意两种污染物相互污染的皮尔逊相关系数 r，其中 x_1，x_2，x_3，x_4，x_5，$\cdots$，x_i，x_i 分别代表 x 城市的各种污染物 i，y_1，y_2，y_3，y_4，y_5，$\cdots$，y_j 分别代表 y 城市的 SO_2、NO_2、PM_{10}、$PM_{2.5}$、CO、O_3 等污染物 j，而 $x_i y_j$ 代表 x 城市 i 种污染物和 y 城市 j 种污染物的皮尔逊相关系数 r：

$$r = \frac{Cov(c_x, c_y)}{\sigma c_x \cdot \sigma c_y} = \frac{E(c_y) - E(c_x)E(c_y)}{\sqrt{E(c_{x^2}) - E^2(c_x)} \cdot \sqrt{E(c_{y^2}) - E^2(c_y)}} \quad (4-28)$$

$$\begin{Bmatrix} x_1 y_1 & \cdots & x_1 y_j \\ \vdots & \ddots & \vdots \\ x_i y_1 & \cdots & x_i y_j \end{Bmatrix} \quad (4-29)$$

计算任意两种污染物皮尔逊相关系数的权重，对上述结果进行相关系数 r 的假设检验得到 p 值，取所有 p 值自然对数的绝对值，然后进行归一化处理，算出权重 w_{ij}，结果如下所示：

$$\begin{Bmatrix} w_{11} & \cdots & w_{1j} \\ \vdots & \ddots & \vdots \\ w_{i1} & \cdots & w_{ij} \end{Bmatrix} \quad (4-30)$$

根据式（4-29）的结果和式（4-30）的结果，计算任意两个城市之间多种大气污染物的综合相关性系数 "r"，如式（4-31）所示。如果皮尔逊相关系数 r 值越接近于 1，则表明这两个城市之间的污染相互传输程度越强，也可能由于两个城市之间在大气污染排放特点方面存在相似性。

$$"r" = \sum_{i}^{j} (x_i y_j \cdot w_{ij}) \quad (4-31)$$

步骤 4：协同治理子区域等级划分。

以 A 区域内各城市为变量，以任意两个城市之间多种大气污染物综合的相关系数"r"为观测数据，对遴选城市进行聚类分析得到 A 区域多种污染物的协同治理子区域。

4.2.2.2　协同治理子区域评价指标选择及评价模型

（1）协同治理子区域大气污染程度。

在大气污染区域 A 内，任意协同治理子地区 A_m 的大气污染程度越大，对 A 内其他协同治理子地区大气污染及本地影响程度越高，越应优于其他协同治理子区域治理。用协同治理区域内所有城市环境空气质量综合指数 C 的均值当作协同治理等级排名评估标准之一。

（2）协同治理子区域平均人口密度。

减少大气污染对身体的伤害是治理大气污染问题的最终目标。而一个区域人口密度越高，该区域面临的大气污染对身体健康的伤害就越大，越应优于其他协同治理区域治理。因此，将协同治理子区域内所有城市的平均人口密度（H）选为协同治理等级评价指标之一。

（3）协同治理子区域对区域整体污染影响大小。

一个城市 A_k 对整个 A 区域污染的影响越大，越应优于其他协同治理区域治理。以协同治理子区域 A_m 的环境空气质量综合指数（X）为自变量，以 A 区域的环境空气质量综合指数数据（Y）为因变量，进行线性回归。如果一元线性回归方程的斜率 I 越大，则说明这个城市对区域 A 大气污染水平越高，越应优于其他协同治理区域治理。

（4）协同治理子区域污染治理弹性。

各协同治理区域由于经济发展、污染自我净化水平不同，所以它们的污染治理潜弹性也不同。因此，将污染治理弹性 E 作为协同治理等级排名评价指标之一。根据统计学原理，可以用变异系数反映离散程度大小，变异系数值越大，离散程度越大，说明污染治理弹性越大，效果越显著。

4.2.2.3　协同子区域等级评价模型构建

假设任意大气污染区域 A，根据上述划分协同治理子区域的办法，将 A 划分为 m 个协同治理子区域，即 $A = \{A_1, A_2, \cdots, A_i, \cdots, A_m\}$。对于任意

协同子区域 A_m 的协同治理等级评价，基于 n 个指标，即 $N = \{N_1，N_2，\cdots，N_i，\cdots，N_n\}$ 进行评价，如表 4-25 所示。

表 4-25 TOPSIS—灰色关联分析评价矩阵

子区域（A）	N_1	N_2	N_3	N_4	…	N_n
A_1	x_{11}	x_{12}	x_{13}	x_{14}	…	x_{1n}
A_2	x_{21}	x_{22}	x_{23}	x_{24}	…	x_{2n}
…	…	…	…	…	…	…
A_m	x_{m1}	x_{m2}	x_{m3}	x_{m4}	…	X_{mn}

基于此原始数据，采用 TOPSIS—灰色关联分析法确定等级步骤如下。

无量纲化，采用极值处理法标准化处理"评价矩阵"。消除指标量纲影响，最优参考序列为：

$$X_m^* = \{X_1^*(n), X_2^*(n), \cdots, X_k^*(n)\}(m=1,2,\cdots,i) \tag{4-32}$$

消除指标量纲影响，最劣参考序列为：

$$X_k^0 = \{X_1^0(n), X_2^0(n), \cdots, X_m^0(n)\}(m=1,2,\cdots,i) \tag{4-33}$$

用熵值法确定指标权重 W_n。算出评价序列与最优参考序列和最劣参考序列关于第 n 个指标的灰色关联系数：

$$R^*(n) = \frac{\min_i \min |X_m^*(n) - X_m(n)| + 0.5 \max_i \max |X_m^*(n) - X_m(n)|}{|X_m^*(n) - X_m(n)| + 0.5 \max_i \max |X_m^*(n) - X_m(n)|} \tag{4-34}$$

$$R^0(n) = \frac{\min_i \min |X_m^0(n) - X_k| + 0.5 \max_i \max |X_m^0(n) - X_m(n)|}{|X_m^0(n) - X_m(n)| + 0.5 \max_i \max |X_m^0(n) - X_m(n)|} \tag{4-35}$$

计算灰色关联度和灰色关联贴近度 Q：

$$R_1^* = \sum_n^j w_n R^*(n), R_2^0 = \sum_n^j w_n R^0(n) \tag{4-36}$$

$$Q = \frac{R_1^*}{R_1^* + R_2^0} \tag{4-37}$$

如果灰色关联贴近度 Q 越接近 1，说明该被评价对象与最优方案越接近，按 Q 值从大到小排列各联控子区域的顺序，Q 值越大的子区域越优先治理，效果越好。

4.2.3 实证分析

4.2.3.1 样本选取及数据来源

根据生态环境部公布的《2019 中国生态环境状况公报》，大气污染三个重点区域分别为京津冀地区、长三角地区、汾渭平原地区。其中，空气质量相对较差的 10 个城市中京津冀区域有 5 个，且京津冀区域六项污染物浓度均高于其他两个重点区域，因此本书选取京津冀区域做实证研究。京津冀地区有北京、石家庄、天津、唐山、邯郸、邢台、秦皇岛、衡水、保定、承德、张家口、沧州，故选取上述城市为研究对象。目前，京津冀区域已建成 81 个污染监测站，实现了在线（http：//106.37.208.233：20035/）实时发布 6 种主要污染物信息，包括 $PM_{2.5}$、PM_{10}、SO_2、NO_2、O_3 和 CO1 小时和 24 小时平均浓度。本书收集了 SO_2、NO_2、PM_{10}、$PM_{2.5}$、CO、O_3 六种污染物从 2013 年 1 月 1 日至 2019 年 12 月 31 日共 84 个月 2555 天的浓度数据。

4.2.3.2 协同治理城市之间多种污染物的综合相关性分析

表 4 - 26 为样本期间京津冀区域 13 个城市中任意两个城市之间六种污染物的综合相关系数矩阵。显然，任意两个城市之间六种污染物的综合相关系数均在 0.01 显著水平上通过检验。结果分析可知，有些城市之间的污染相关系数较高，大于 0.8；有些城市间的相关系数则很低，不超过 0.5。相关系数较高的两个协同治理城市之间并不一定存在污染传输现象，可能因为两个城市污染源相似、污染排放量相近等原因导致其污染具有较高一致性。因此，应将这些高度相关的城市划分至一个协同治理子区域，实施统一的联控措施，而那些污染相关程度较低的城市则不能划分到一起。至于哪些城市应被划为一个联控区尚需进一步分析。

表4-26 京津冀区域各城市之间多种大气污染物的综合相关系数矩阵

城市	北京	天津	保定	唐山	廊坊	石家庄	秦皇岛	张家口	承德	沧州	邯郸	邢台	衡水
北京	1												
天津	0.596*	1											
保定	0.563*	0.621*	1										
唐山	0.563*	0.717*	0.593*	1									
廊坊	0.733*	0.704*	0.658*	0.710*	1								
石家庄	0.554*	0.566*	0.683*	0.548*	0.574*	1							
秦皇岛	0.561*	0.623*	0.559*	0.700*	0.611*	0.521*	1						
张家口	0.622*	0.431*	0.409*	0.475*	0.514*	0.445*	0.408*	1					
承德	0.697*	0.583*	0.585*	0.603*	0.661*	0.583*	0.577*	0.621*	1				
沧州	0.439*	0.637*	0.608*	0.536*	0.537*	0.594*	0.527*	0.333*	0.474*	1			
邯郸	0.374	0.446*	0.541*	0.412*	0.412*	0.603*	0.385*	0.272*	0.390*	0.579*	1		
邢台	0.479*	0.522*	0.625*	0.489*	0.509*	0.709*	0.489*	0.373*	0.511*	0.599*	0.693*	1	
衡水	0.405*	0.520*	0.575*	0.460*	0.469*	0.594*	0.427*	0.269*	0.435*	0.686*	0.659*	0.858*	1

注：* 代表 $P \leq 0.001$，在0.01显著水平上全部通过显著性检验（双尾检验）。

为进一步识别 13 市污染相关水平的特征及其影响因素，根据表 4 - 26 中各城市之间多种大气污染物的综合相关系数 "r" 进行聚类分析结果，可将京津冀区域分为 4 个协同治理子区域，分别为 A = {邯郸、邢台、沧州、衡水}、B = {保定、石家庄}、C = {唐山、秦皇岛、天津}、D = {北京、承德、廊坊、张家口}。根据结果可看出，京津冀区域划分的协同治理子区域内城市之间距离较近，由此猜测可能是由于城市间距离因素 (d) 的影响。

4.2.3.3 城市之间距离对多种污染物的综合相关系数影响

为验证上述猜测，将北京、天津、石家庄三座城市作为参照，分析其与周边城市多种污染物的综合相关系数 r 与距离 d 之间的关系，如表 4 - 27 所示。

表 4 - 27 三市与其他城市间的多种污染物综合相关性系数 r 和距离数据

北京市 （BJ）			天津市 （TJ）			石家庄市 （SJZ）		
城市	距离 （km）	相关系数	城市	距离 （km）	相关系数	城市	距离 （km）	相关系数
北京	0	1.000	天津	0	1.000	石家庄	0	1.000
天津	113.8	0.596	北京	113.8	0.596	天津	261.4	0.566
保定	140.8	0.563	保定	151.9	0.621	保定	124.1	0.683
唐山	155.1	0.563	唐山	103.6	0.717	唐山	362.6	0.548
廊坊	48.0	0.733	廊坊	66.2	0.704	廊坊	252.3	0.573
石家庄	268.8	0.554	石家庄	261.4	0.566	北京	268.8	0.553
秦皇岛	272.2	0.561	秦皇岛	226.7	0.623	秦皇岛	187.4	0.520
张家口	159.7	0.622	张家口	272.1	0.431	张家口	304.7	0.445
承德	176.3	0.697	承德	217.5	0.583	承德	438.4	0.583
沧州	182.5	0.439	沧州	92.3	0.637	沧州	206.2	0.594
邯郸	418.1	0.374	邯郸	360.4	0.445	邯郸	156.8	0.603
邢台	358.6	0.479	邢台	326.4	0.522	邢台	109.1	0.709
衡水	248.6	0.405	衡水	201.3	0.519	衡水	106.7	0.594

对于北京市、天津市和石家庄市三个代表市，我们基于城市间多种污染物的综合相关系数和距离的关系得到了以下拟合方程，这里 Y 代表多种污染

的综合相关系数，X 代表城市间的距离。拟合结果 r 与 d 之间均存在显著的线性负相关关系（R^2 均大于 0.50），证实了 d 对 r 具有显著的影响作用，即 r 随着 d 的增大而降低。

北京市：$Y = 0.711 - 0.001X (R^2 = 0.831, P < 0.05)$

天津市：$Y = 0.737 - 0.001X (R^2 = 0745, P < 0.05)$

石家庄：$Y = 0.665 - 0.000364X (R^2 = 0.617, P < 0.05)$

4.2.3.4　划分协同治理子区域

为确定出对整个京津冀区域污染影响程度大的城市，以整个京津冀区域环境空气质量综合指数为因变量，以各城市环境空气质量综合指数为自变量，进行一元线性回归分析，结果如表 4-28 所示。

表 4-28　　　　　　京津冀区域与各市污染线性回归结果

城市	线性回归方程	R^2	Sig.
北京	$Y = 1.247 + 0.110619X$	0.213	0.000
天津	$Y = 1.002 + 0.144175X$	0.283	0.000
保定	$Y = 1.32 + 0.071027X$	0.289	0.000
唐山	$Y = 0.99 + 0.114802X$	0.272	0.000
廊坊	$Y = 1.226 + 0.102834X$	0.277	0.000
石家庄	$Y = 1.317 + 0.069412X$	0.268	0.000
秦皇岛	$Y = 0.928 + 0.173997X$	0.276	0.000
张家口	$Y = 0.994 + 0.220232X$	0.259	0.000
承德	$Y = 0.1838 + 0.001204X$	0.644	0.000
沧州	$Y = 0.953 + 0.151757X$	0.304	0.000
邯郸	$Y = 1.1229 + 0.084024X$	0.266	0.000
邢台	$Y = 1.314 + 0.068808X$	0.268	0.000
衡水	$Y = 1.359 + 0.074292X$	0.247	0.000

本书以斜率大于 0.06 作为各城市对京津冀区域综合污染贡献大小的判别判定值，如果斜率大于 0.06，就可将该城市作为京津冀区域协同治理候选城市之一。根据皮尔逊相关系数计算结果可知，除承德以外所有城市的斜率都大于 0.06，承德的斜率为 0.001204，是次小的邢台斜率的 1/57，远远小于其他城市

的斜率。故 13 个城市，除承德市之外，全是京津冀区域协同治理的候选城市。

将最终确定的 12 个候选城市中任意两个城市之间多种大气污染物的综合相关系数"r"为观测数据进行聚类，结果如图 4 – 11 所示。当 RDCC 取值为 8 时，12 个市被分成 5 组，每一组内城市间的污染相关性特征最相似，而组间相似性最小。京津冀区域被划分为 5 个协同治理子区域，分别为 $R_1 = \{$邯郸、邢台、沧州、衡水$\}$、$R_2 = \{$保定、石家庄$\}$、$R_3 = \{$北京、廊坊$\}$、$R_4 = \{$唐山、秦皇岛、天津$\}$、$R_5 = \{$张家口$\}$。

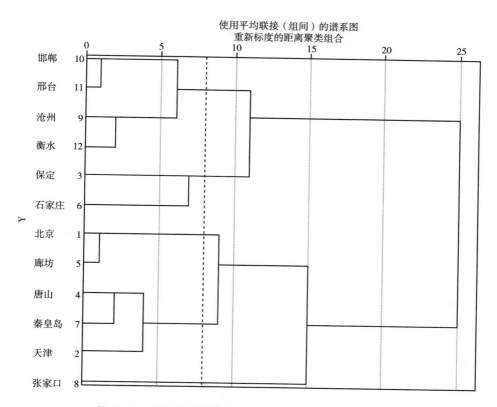

图 4 – 11　京津冀区域污染候选城市的综合相关系数聚类

4.2.3.5　基于 TOPSIS—灰色关联法等级评价

表 4 – 29 汇总了 5 个协同治理子区域 4 项指标值、最优参考序列灰色关联系数（R_1^*）、最劣参考序列灰色关联系数（R_2^0）、灰色关联贴近度 Q 以及

各协同治理子区域的联控等级。5 个协同治理区域的等级排名是 $R_2 > R_1 > R_3 > R_4 > R_5$。

表 4-29　　　　　　京津冀区域 5 个协同子区域等级评价结果

协同子区域	C	H	I	E	R_1^*	R_2^0	Q	等级
R_1	7.38	615.82	0.094	0.387	0.669	0.571	0.540	2
R_2	8.10	540.92	0.203	0.449	0.985	0.444	0.689	1
R_3	6.11	1141.47	0.110	0.372	0.593	0.610	0.493	3
R_4	6.49	799.22	0.130	0.280	0.516	0.852	0.377	4
R_5	4.06	122.92	0.220	0.286	0.503	0.903	0.358	5

4.2.3.6　协同治理子区域划分结果分析

在京津冀区域的 5 个协同治理子区域中，$R_1 = \{$邯郸、邢台、沧州、衡水$\}$、$R_2 = \{$保定、石家庄$\}$、$R_4 = \{$唐山、秦皇岛、天津$\}$ 协同治理区域所包含的城市较多，$R_3 = \{$北京、廊坊$\}$、$R_5 = \{$张家口$\}$ 协同治理区域所包含的城市较少。这是由于 R_3 和 R_5 子区域自身大气污染扩散水平较高、大气污染程度较轻，而且张家口市面积较大且距离京津冀区域内其他城市距离较远造成的。从地理特征的分析来看，R_1 子区域处于太行山脉的山麓地带，R_3 位于华北平原低洼处，两个区域的地理特征对于区域内污染物的自然扩散有很大的影响。而承德市由于与其他城市之间有太行山脉阻隔，故污染传输较少，因此，承德被排除在协同治理的范围内，这与其地理位置偏远的实际情况相符。

从主要污染源的分析来看，河北的钢铁和煤矿工业、天津的石油化工、北京的机动车，是造成各地区大气污染的主要原因。R_1、R_2 区域是河北钢铁、煤炭工业聚集区，对于这个区域而言，应当通过合理削减过剩产能、优化调整布局、推进联合重组、提高装备水平等手段对高能耗产业结构进行调整。具体地说，要加强对钢铁、燃煤等高污染企业的管控、改造和升级，尤其对于邯郸和石家庄的钢铁企业以及邯郸、邢台的煤矿企业。在 R_2 区域内，结合当地现状顺应北京产业转移的潮流，调整低能耗企业，实现地区产业结构的优化。在 R_4 区域内，则要重点加强对天津的化工企业以及唐山的钢铁、煤炭企业进行管控。对于 R_3 区域而言，截至 2019 年北京市机动车保有量已达 636.5 万辆，机动车排放成为北京 $PM_{2.5}$ 污染的主要本地来源。因此，控制机动车数量、提高国内的汽油质量、淘汰老旧机动车，以及推广新能源汽车对于 R_3 区域的大气污染治理至关重要。

以上结果表明，采用污染物日均浓度数据和城市月评价的环境空气质量综合指数，通过相关性分析、线性回归、聚类分析等方法确定协同子区域的方法，综合考虑了大气污染物特性、各城市的经济发展水平、城镇化率、常住人口数量等因素作用，弥补了中国现有区域划分方法的不足。所划分的协同治理子区域比较科学，在此基础上实施大气污染协同治理战略，有利于提高管理水平、缩小治理开支。

4.2.3.7 协同治理子区域治理优先等级评价结果分析

通过综合考虑四个因素，即协同治理子区域大气污染程度、平均人口密度、污染治理弹性、子区域对区域整体污染影响程度，我们科学地确定了协同治理子区域的等级，避免了仅仅考虑污染物浓度的片面性。然后运用 TOP-SIS—灰色关联综合评价模型法对京津冀各协同子区域协同等级进行划分，结果与实际情况相符。具体而言，区域 R_2 ＝｛保定、石家庄｝子区域大气污染程度（8.10）和治理弹性指标（0.449）都居五个协同子区域之首，且 R_2 子区域对区域整体污染影响程度（0.203）仅次于 R_5（0.220），考虑到 R_2 区域污染水平最严重，因此 R_2 被赋予了最高的治污优先等级。区域 R_1 ＝｛邯郸、邢台、沧州、衡水｝的子区域大气污染程度（7.38）和治理弹性指标（0.387）仅次于排名第一的 R_1，且平均人口密度（615.82）比 R_2（540.92）大，因此 R_1 的治污优先等级被评定为第二。子区域 R_3 ＝｛北京，廊坊｝由于人口密度（1141.47）远大于其他区域，约为次大的两倍，而 R_3 的其他三个指标得分均低于治污优先等级居于第二的 R_1 区域，但这些指标得分均远高于 R_4，因此 R_3 的治污优先等级为第三，R_4 的优先等级为第四。R_5 的优先治理等级最低，这与其协同治理子区域大气污染程度较低、治理弹性最低、人口密度最低且 R_5 的张家口市是京津冀地区空气质量最佳的城市的实际情况完全相符。

以上分析表明，综合考虑子区域大气污染程度、平均人口密度、子区域对区域整体污染影响程度、污染治理弹性以及地理位置等多个关键属性特征，基于 TOPSIS—灰色关联综合评价模型进行协同等级划分的结果与实际情况吻合，具有科学性。这种子区域协同治理等级划分有利于提高空气质量、缩减经费开支，对中国大气污染协同治理具有重要的战略意义。

4.2.3.8 政策启示

区域大气污染治理不应只考虑单一污染物，应当同时综合考虑多种大气污染物。生态环境部公布的数据显示，中国 337 个城市以 $PM_{2.5}$、PM_{10}、O_3、SO_2、NO_2 和 CO 超标天数比例分别为 13.0%、6.7%、12.9%、不足 0.1%、1.2% 和 0.1%，中国大气污染已呈现出大污染性特征，只考虑一种污染已不能有效解决当前大气污染问题，因此必须综合考虑多种大气污染物来解决目前中国的大气污染问题。

面对中国大气污染的特点及现状，单靠各个城市的自身实力已不能够有效解决大气污染问题。要解决上述问题，须突破行政边界建立协同治理机制。而实现协同治理机制的前提是正确划分区域内协同治理子区域。本书将京津冀大气污染区域划分为以下 5 个协同治理子区域：$R_1 = \{$邯郸、邢台、沧州、衡水$\}$、$R_2 = \{$保定、石家庄$\}$、$R_3 = \{$北京、廊坊$\}$、$R_4 = \{$唐山、秦皇岛、天津$\}$、$R_5 = \{$张家口$\}$。这种协同治理子区域的划分，突破了行政区划的局限，符合实际情况，更有利于地区的发展。同时这种划分也突出了不同区域的差异性，可根据各地区的实际情况进行治理，做到重点突出、有针对性。可以加强治理大气污染的效率和效果。

构建子区域大气污染程度、平均人口密度、子区域对区域整体污染影响程度和污染治理弹性四个指标，采用 TOPSIS—灰色关联分析法对京津冀大气污染协同子区域治理优先等级进行排序，结果为：$R_2 > R_1 > R_3 > R_4 > R_5$。根据本书的研究，可以有侧重点地治理京津冀区域的大气污染，做到先处理主要矛盾，即可优先治理 R_2 区域，这样不仅可以提高效率，同时也有利于协同治理，对空气质量的改善更有效。

4.3　小　结

　　本章针对当前大气污染协同治理区域划分方法存在的问题进行了深入研究，现有方法或者依据大气污染严重程度的表象特征划分协同子区域，或者仅考虑行政管理因素将经济发展城市圈粗粒化地作为协同区域，也或者只考虑一种大气污染物划分协同子区域。针对这些问题和局限性，首先，本书采用污染物日均浓度数据和城市月评价的环境空气质量综合指数，通过相关性分析、线性回归、聚类分析等方法进行协同治理区域划分。这样不仅综合考虑了多种大气污染物的共同影响，而且综合考虑各地的社会经济发展水平、地理环境、产业与能源结构现状、人口特征等其他各种影响因素，更重要的是，兼顾了现行的属地管理模式，能很好地解决像我国京津冀、长三角、汾渭平原等区域那样涉及多个省级行政区的大范围的大气污染问题。其次，构建了协同治理子区域大气污染程度、污染治理弹性、平均人口密度、子区域对区域整体污染影响程度四个等级评价指标，并提出了 TOPSIS—灰色关联综合评价模型划分协同等级的新方法。通过对 2013 年 1 月 1 日至 2019 年 12 月 31 日中国京津冀区域 13 个市六种大气污染物协同治理进行实证研究，结果表明，京津冀区域可被细分为 5 个协同治理子区域：$R_1 = \{邯郸、邢台、沧州、衡水\}$、$R_2 = \{保定、石家庄\}$、$R_3 = \{北京、廊坊\}$、$R_4 = \{唐山、秦皇岛、天津\}$、$R_5 = \{张家口\}$；并对 5 个协同治理子区域等级排名为 $R_2 > R_1 > R_3 > R_4 > R_5$。经结果分析发现，京津冀区域协同治理子区域范围和等级与各区域自身经济发展水平、自然条件、工业现状等实际情况相符，说明本章研究提出的多种大气污染协同治理区域及其等级划分的方法具有科学性及有效性。

第5章 基于公众健康视角下的区域 大气污染联动治理模型

在城际间传输，且会对人群健康造成损害的区域空气污染并不仅仅局限于区域内，区域治理模式的合理性程度值得商榷。在区域空气污染联动治理的基础上，要充分考虑区域空气污染城际传输效应，并确定合适的治理目标，进而有效改善区域整体空气质量。为此，本章将空气污染引起的急性健康损害和长期累积暴露的慢性健康损害纳入空气质量改善的人群综合健康损害降低函数，然后将降低人群综合健康损害目标纳入区域污染联动治理优化目标体系，从而建立了考虑综合健康损害的区域空气污染联动治理双目标优化模型。进而以京津冀区域的 SO_2 治理为例进行实证研究，为改善区域空气污染联动治理效果提供决策依据。

5.1 国内外研究现状

近年来，中国各地不断遭受着空气污染的侵害。环境污染治理不仅事关经济发展模式转变、产业结构调整，更已成为关系民生就业和社会稳定的当务之急。因此，如何平衡区域环境保护与经济增长的关系，平衡广大人民群众日益增长的对优质环境的需求与广大人民群众切身利益的关系已成为各国政府、学术界和社会公众的关注焦点。

从美国、欧洲等发达国家和地区以及中国大气污染治理的实践中，可以发现在环境政策实施过程中，采取的治理方式不同，所产生的结果也有所不同。对于区域大气污染合作治理，无论是发达国家还是发展中国家，命令控制型的直接管制手段一直都是环境管理的基本手段。政府明显倾向于借助颁布环境法令法规、强制执行排放标准、颁布许可证和监督制裁推进区域大气污染问题。为有效开展区域合作治污，美国的区域大气污染合作治理机制是在适用《清洁空气法》下实施的，欧盟的区域大气污染合作治理是通过签署或参加国际条约来推动的。此外，欧盟也会通过构建欧盟排放交易体系（EUETS），并按照"限额和交易"原则进行运作，以确保减排成本最低化。例如，乔尔特劳等（Joltreau et al，2017）以欧盟排放交易机制为例，研究了欧盟排放交易体系的实施对减排成本、就业和企业竞争力产生的影响，结果发现，欧盟排放交易体系既能有效地减少温室气体排放，也不会产生显著的负面竞争效应。里科 – 拉米雷斯等（Rico-Ramirez et al.，2011）以生产总成本为目标构建了工业企业去污优化模型。同时，采用优化理论建模方法来促进区域大气污染合作治理，以实现区域治污成本的节约和空气质量的改善，这也是中国目前常采用的环境治理方法。例如，吴等（Wu et al，2013）构建了分别以空气污染治理的投资成本和运行成本为目标的区域治污优化模型，加强区域间合作治污。曾等（Zeng et al，2016）构造了包含多种污染物联合减排费用最少的规划模型，在多种污染物合作治理过程中，治污成本大幅降低。刘等（Liu et al，2017）以降低减排成本和空气质量改进为目标，提出了一种非线性规划方法，并将其应用到中国 3 个不同地区建筑行业的碳排放配额优化分配的实证研究中，结果发现，这种优化配额方法最大限度地降低了减排成本。薛等（Xue et al，2015）首次以行政单位为主体构建区域大气污染合作治理模型，基于各行政主体治理污染的成本差异，促进合作治污。虽然上述研究纷纷表明区域大气污染合作治理在节约治理成本、改善整个区域空气质量、增加治污投资收益等方面具有显著优势，均为大气污染合作治理提供了思路，但这些文献对区域合作治污的研究仅考虑了污染治理成本、投资收益、空气质量改善等某个单一目标，没有很好地兼顾环境治理与经济发展和社会效益的协调发展。对此，也有学者开始注意到了在开展合作治污过程中，应协调好环境与经济、社会效益之间的平衡。李等（Li et al，2018）基于碳减排视角，构建了以成本导向型和资产导向型为子目标的双目标规划模型。皮索尼和伏尔塔（Pisoni and Volta，2009）建立了考虑去污成本和 AQI 的双目标优化模型，并在最优解的基础上，估算了对人口健康损害的影响。谢等（Xie et al，2016）构建了考虑健康损害和去除成本的双目标优化模型。这些文献分别从不同角度考虑了环境治理和健康、资产等因素的协调，在此基础上，本章将从降低空气污染带来的健康损害角度，考虑在区域大气污染合作治理的条件下，同时降低健康损害以及在开展合作治污的同时，如何寻求整体利益和参与者利益之间的平衡，从而实现各主体合作治污，达到区域和各省份的合作共赢。

基于区域大气污染合作治理模式，各主体之间利益如何合理、公平分配是该模式实施的关键问题。目前，有关合作收益分配的方法主要包括 Shapley 值法、核心法、CGA 法、MCRS 法和简化的 MCRS 法等。奥泽纳和埃尔贡（Özener and Ergun，2008）在合作博弈理论的基础上，提出了一种成本分配机制，用于联盟主体之间的成本分配，以确保联盟之间的稳定性。吴等（Wu et al.，2017）设计了一个利润分配公平的数学模型，将其用于能源参与者之间的合作收益分配，发现该方法既有利于集体利益又有利于个人收益。基于 Shapley 值法，沃里斯等（Voorhees et al.，2014）将 Shapley 值法应用到实际的合作收益分配中，并指出运用 Shapley 值法对联盟主体的合作收益进行合理公平分配，不仅会降低成本，还有利于增加联盟主体的合作收益和个别收益，从而激励各个主体之间开展长期合作。然而，常等（Chang et al.，2016）指出，Shapley 值法作为一种联盟合作博弈分配法，可能会导致不同类型参与者收益分配的不公平，而且每个参与者的边际收益也很难确定，因此，在实际应用中较少使用 Shapley 值法。由此可见，Shapley 值法只能作为一种参考，在实践中缺乏实用性。为寻找一种有效的合作收益分配方法，本章最终采用 MCRS 方法对合作主体之间的利益进行公平合理分配。同时，近年来 MCRS 方法也被广泛用于物流、电力等领域的减排分配中。王等（Wang et al.，2018）运用 MCRS 方法来解决由物流中心、配送中心和客户组成的合作主体的利润分配问题，从而以提高物流网络优化效率。于等（Yu et al.，2018）运用 MCRS 方法对分布式发电机组集成后的损失和减排进行分配，结果发现，MCRS 方法的分配结果与传统的基于合作博弈的分配方法比较接近，具有个

体合理性、联盟合理性和全局合理性的特点。王夫冬（2018）使用简化的
MCRS 法收益分配模型来研究第三方物流参与的三级供应链协调问题，可以
有效解决多个主体利益分配问题。因此，MCRS 方法更适用于解决多主体合
作博弈中的成本分担或利益共享问题，该方法不仅简洁，而且是一种更为高
效便捷的收益分配方法，可用于解决多个主体之间的收益分配问题。并且与
其他分配策略相比，MCRS 方法具有一定的科学性，其结果更接近于最优分
配策略，可作为多主体利益分配的一种理想方法。然而，从已有研究来看，
MCRS 方法多用于物流、电力能源等领域的合作收益分配，将其应用于大气
污染合作治理领域来解决多个主体合作收益分配的研究仍存在空缺。因此，
本章将在 MCRS 方法的基础上，采用简化的 MCRS 方法来对参与区域大气污
染合作治理的省份进行合作收益分配，以实现合作收益的公平分配，从而促
进区域内各个省份积极参与到大气污染合作治理的实践中。

5.2　模型的基本假定

随着中国城市化、工业化、区域经济一体化进程在 1990 年以后不断加
快，形成了污染物在不同城市和地区间的相互输送、反应和转化的局面，且
大气污染逐渐从局地、单一的城市污染转变为跨区域、复合型污染，当前中
国大气治理领域所面临的重大难题包括跨区域大气污染问题，这同时也凸显
了有边界的行政区划和无边界的大气污染之间的矛盾与冲突（魏娜等，
2016）。区域内的行政单位（如省或直辖市）是环境治理的主体，对本地污
染治理和环境质量负责。国家和社会对各行政主体的治理目标要求不仅是环
境的治理成本最低，而且包括最大限度降低空气污染造成的人群健康损害。

空气污染引发的人群健康损害，不仅包括空气污染引发的急性疾病健康
损害，还包括长期累积暴露于空气污染物中引发的慢性健康损害。美国发布
的暴露参数数据是现阶段我国在环境空气污染暴露和健康风险评价的研究中
所采用的主要呼吸暴露参数依据（王叶晴等，2012）。人体健康方面风险的
评价基础是各类人群的每日平均暴露剂量。人体经呼吸道对污染物的日均暴

露剂量（ADD）的构成包括环境介质中污染物的浓度水平、呼吸速率、暴露时间、暴露频率和持续暴露时间等活动模式参数。短期暴露时间的定义为重复暴露时间在 24 小时以上、30 天以下；长期暴露时间的定义为重复暴露时间在 30 天以上、人类寿命的 10% 以下。大气污染流行病学的队列研究中包含了大部分关于空气污染物长期暴露慢性健康损害的研究文献。其中，周玉民等（2009）研究了国内七个省市粉尘和烟雾长期累积暴露对人群健康的慢性影响。刘跃伟（2011）基于同济医科大学和美国国家癌症研究所合作建立的矽尘长期暴露工人队列，通过计算累积矽尘暴露量，分析矽尘长期暴露与总死因和主要疾病死亡率之间的关系，得出矽尘长期暴露可导致肺癌、呼吸性结核、心血管疾病、呼吸系统疾病和意外伤害等疾病的死亡危险升高的研究结果。

在现有空气污染物治理的文献中，大多只考虑了空气污染引起的急性发病和急性死亡的健康损害，而忽略了空气污染人群长期暴露的慢性发病和慢性死亡损害。现有研究低估了空气质量改善对人群的健康收益的估计（Xu et al.，2016），应该从社会学和人口学等多角度实证研究空气污染长期暴露对公众疾病或死亡的慢性影响。综上所述，本章将空气污染引起的急性死亡和长期暴露的慢性健康损害，纳入空气质量改善的人群综合健康损害降低函数，然后将降低人群综合健康损害目标纳入区域污染治理目标体系，在构造人群综合健康损害降低函数和污染去除成本函数的基础上，建立区域大气污染联动治理的双目标优化模型。

5.2.1 基本假设

在建立区域大气污染联动治理双目标优化模型之前，首先提出以下基本假设，为模型的构建提供一个前提和基础。

假设 1：区域内任意地区 $i \in I$ 都是理性决策者，各地区都希望自己的环境治理综合成本 tc_{ii} 最小。区域大气环境管理者在确保整个区域的大气环境治理成本最小的同时，还要追求整个区域因污染治理而减少的人群综合健康损害效果最大。

假设 2：空气污染引起的人群综合健康损害，包括急性死亡和长期暴露的慢性健康损害。若只考虑空气污染对人群的急性死亡损害，而忽略空气污染人群长期暴露的发病和死亡损害，会低估空气质量改善对人群的健康损害的降低效果（Li，2004）。

假设 3：实施大气污染联动治理的区域是一个"大泡泡"，就像美国环保部 1979 年实施"泡泡政策"那样，只要这个"泡泡"向外界排出的污染物总量符合政府制定的排污量指标，则允许泡泡内各种排污源自行调剂或污染物在各地区间自由传输。

假设 4：若将各地区人口按照相同的年龄标准分为若干年龄组，相同年龄组内人口身体基本素质相当，在同样的污染水平降低量下，不同地区同一年龄段的人体健康获益相同。因此，假设合作治理区域内各地区相同年龄段的人口健康基线值相同。

假设 5：在区域内各地区达到规定的大气环境质量要求的前提下，认为各地区的环境综合健康损害成本为零。

5.2.2　参数符号

模型构建时所涉及的参数、变量符号、含义、度量单位如表 5 – 1 所示。

表 5 –1　　　　　　　　　　　集合、参数与变量

集合	含义	单位
I	区域内各地区集合，任意地区 $i \in I = \{1, 2, \cdots, m\}$	
J	年龄组集合，任意年龄组 $j \in J = \{1, 2, \cdots, n\}$	
K	污染造成的健康损害结局集合，任意健康损害结局 $k \in K = \{1, 2, \cdots, q\}$	
c_{it}	i 地区第 t 年某大气污染物年日均浓度	微克/立方米
Δc_{it}	i 地区第 t 年某大气污染物年日均浓度比上一年的降低量	微克/立方米
g_{it}	i 地区第 t 年某大气污染物的年产生量	万吨
r_{it}	第 t 年 i 地区某大气污染物的年去除量	万吨
w_{it}	第 t 年 i 地区某大气污染物载体的年排放量	亿立方米
e_{it}	国家设定的 i 地区第 t 年某大气污染物的最大排放量限值	万吨

续表

集合	含义	单位
τ_{it}	国家设定的第 t 年 i 地区某大气污染物年日均浓度下降值	微克/立方米
π_t	国家设定的第 t 年整个区域的某大气污染物年日均浓度最高限值	微克/立方米
p_{ijt}	第 t 年 i 地区第 j 年龄组人群的人口数量	人
h_{ijk}	i 地区 j 年龄组内第 k 种疾病死亡的基线值	1/10 万
β_{ijk}	剂量反应系数，单位污染浓度变化引起的 i 地区 j 年龄组 k 种疾病死亡率的变化值	%
$\bar{a}_i$	i 地区某大气污染物年去除率的最大值	—
$\underline{a}_i$	i 地区某大气污染物年去除率的最小值	—
v_{it}	i 地区某大气污染物的环境容量	—
ΔE_{it}	i 地区第 t 年因治理某大气污染所降低的本地区人群健康损害	人
ΔE_t	区域在第 t 年因治理某大气污染所降低的区域人群健康损害	人
RC_{it}	i 地区第 t 年治理某大气污染所支付的污染去除成本	万元
RC_t	区域在第 t 年治理某大气污染所支付的区域污染去除成本	万元
TC_{it}	i 地区第 t 年某大气污染物治理的综合成本	万元
TC_t	区域在第 t 年某大气污染物治理的综合成本	万元

5.3 公众健康视角下的区域大气污染联动治理模型

5.3.1 双目标优化模型

环境污染对人群造成的最为显著的健康损害结局（health end-points）是死亡。因此，本章仅以空气污染引发的 q 种疾病的急性死亡，以及空气污染长期暴露引起的 q 种疾病的死亡，作为健康效应终端衡量综合健康损害，即 $k \in K = \{1, 2, \cdots, q\}$。

i 地区某污染物年去除率（x_{it}）为该地区当年大气污染物去除量（r_{it}）占大气污染物产生量（g_{it}）的比重。在实际计算中，依据相关统计年鉴数据，用产生量（g_{it}）与排放量（w_i^t）的差占产生量（g_{it}）的百分比，来计算 i 地区 t 年某污染物去除率（x_{it}）的值。一般情况下，i 地区某污染物年去除率（x_{it}）越大，排放到大气中的污染物越少，该污染物年均浓度就会降低越多。然而，当x_{it}增至一定水平时，大气中污染物浓度逐渐接近于背景浓度，第t年与第$t-1$年的浓度变化$C_{i,t-1}-C_{it}$不再明显。因此，可假定各地区第t年某种大气污染物浓度比第$t-1$年的降低量$C_{i,t-1}-C_{it}$与该地区该种污染物的年去除率x_i^t之间存在倒数关系（Xie et al.，2016）。即：

$$C_{i,t-1}-C_{it}=\rho-\frac{\sigma}{x_{it}}, \forall i,t \tag{5-1}$$

借鉴李等（Li et al.，2004）的做法，采用大气污染流行病学研究中常用的暴露—反应关系泊松回归模型的线性展开式来衡量i地区j年龄组第k种疾病由于污染治理所降低的人群健康损害，如式（5-2）所示。

$$\Delta E_{it}=p_{ij} \cdot h_{ijk} \cdot \beta_{ijk} \cdot (c_{it}-c_{i,t-1})=p_{ij} \cdot h_{ijk} \cdot \beta_{ijk} \cdot \left(\rho-\frac{\sigma}{x_{it}}\right), \forall i,t$$
$$\tag{5-2}$$

曹东等（2009）建立的去污成本计量模型反映了去除成本与污染物去除率、废气处理量两个独立变量的函数关系。在此基础上，以污染物年去除量占年产生量的百分比作为去除率x_i^t，即$x_i^t=r_i^t/g_i^t$，建立区域内各地区污染去除成本函数，如式（5-3）所示。

$$RC_i=\theta_i \cdot (w_{it})^{\varphi_i} \cdot (x_{it})^{\mu_i}, \forall i,t \tag{5-3}$$

其中，θ_i、φ_i和μ_i是待估参数，其值可通过i地区历年的实证数据拟合获得。θ_i反映了i地区的产业结构、企业所有权结构、污染的治理水平以及影响污染去除成本的其他因素。φ_i和μ_i分别是w_i^t和x_i^t的弹性系数。为了简化这些参数的拟合和数据处理，我们对方程两边同时取自然对数，如式（5-4）所示。

$$\ln RC_i=\ln\theta_i+\varphi_i \cdot w_{it}+\mu_i \cdot x_{it} \tag{5-4}$$

基于此，可建立第t年大气污染区域合作治理双目标优化模型，通过优化区域内各地区污染物年去除率达到最大化降低区域人群健康损害和最小化区域去污成本的目的。对任意$i\in\{1,2,\cdots,m\}$，$j\in J=\{1,2,\cdots,n\}$，$k\in K=$

$\{1, 2, \cdots, q\}$，建立区域内各地区最优去除率模型如下：

$$\max\Delta E = \sum_{i=1}^{m}\sum_{j=1}^{n}\sum_{k=1}^{q} p_{ij}\cdot h_{ijk}\cdot\beta_{ijk}\cdot\left(\rho - \frac{\sigma}{x_{it}}\right) \quad (5-5)$$

$$\min RC = \sum_{i=1}^{m}\theta_i\cdot(w_{it})^{\varphi_i}\cdot(x_{it})^{\mu_i} \quad (5-6)$$

s. t.

$$g_{it}\cdot(1-x_{it})\leqslant v_{it}, \forall i \quad (5-7)$$

$$0 < \underline{a_i}\leqslant x_{it}\leqslant \overline{a_i} < 1, \forall i \quad (5-8)$$

$$\sum_{i=1}^{m} g_{it}\cdot x_{it} = \sum_{i=1}^{m}(g_{it}-e_{it}), \forall i \quad (5-9)$$

$$\rho - \frac{\sigma}{x_{it}}\geqslant\tau_{it}, \forall i \quad (5-10)$$

$$\frac{1}{m}\cdot\sum_{i=1}^{m}\left(\rho - \frac{\sigma}{x_{it}}\right)\geqslant\pi^t, \forall i \quad (5-11)$$

式（5-5）是以最大化降低区域人群健康损害为优化目标之一，区域人群健康损害是各地区人群健康损害之和，降低程度越大越好。式（5-6）是以区域污染去除成本最小化为另一优化目标，各地区去污成本之和作为区域去污成本之和，越低越好。

式（5-7）~式（5-11）是优化模型的约束条件。式（5-7）表示各地区污染物的排放量不得超过本地环境容量，其中，各地区环境容量为国家当年分配给该地区的污染物限排指标的 σ_i 倍，即 $v_i^t = \sigma_i\times e_i^t$。由于受技术水平、资金、治理能力等条件限制，各地区污染去除能力有一定范围。当 i 地区去污设备全部满载工作时，去除率可达到最大值 $\bar{a}_i$，但不可能将污染物全部去除，$\bar{a}_i < 1$。而该地区去除设施或多或少能去除一部分污染物，即去除率不低于其最小值 $\underline{a}_i$，$\underline{a}_i > 0$。因此，各地区污染去除率受式（5-8）约束。式（5-9）表示区域污染物的总去除量必须满足国家设定的减排量指标要求。

另外，由于第 t 年 i 地区年均污染浓度的下降水平不得低于国家规定的污染浓度下降指标 τ_i^t，同时，区域作为国家大气污染治理的整体单位，区域污染物的年均浓度下降水平也不得低于国家设定的该区域污染浓度下降指标 π^t，因此，决策变量 x_i^t 受式（5 - 10）和式（5 - 11）约束。

5.3.2　利益分配模型

减少的人群健康损害可视为污染治理投入带来的收益，区域人群健康损害降低收益对应的货币价值（B）等于单位人群健康损害降低的货币价值（u）与降低的区域总人群健康损害的乘积，即：

$$B = u \cdot \sum_i^m \Delta E_i \qquad (5 - 12)$$

这样，综合考虑人群健康损害和去污成本的区域大气污染治理的综合成本（TC）等于区域污染去除成本 RC 与 B 之差，即：

$$TC = RC - B = \sum_i^m (RC_i - u \cdot \Delta E_i) \qquad (5 - 13)$$

与我国现行的属地治理模型相比，区域合作治污所获得的合作收益（V）等于属地模式与合作模式下对应的区域污染综合治理成本，即 $TC_{属地}$ 与 $TC_{合作}$ 之差，如式（5 - 14）所示，合作收益 V 包含两个方面，一是降低区域人群健康损害的货币收益，二是节约的污染去除成本。

$$V = TC_{属地} - TC_{合作} = (RC_{属地} - RC_{合作}) + (B_{合作} - B_{属地}) \qquad (5 - 14)$$

各地区都希望自身获得的收益越大越好，因此如何科学合理地分配合作收益 V 成为合作治污能否长效开展的关键。本章在 MCRS 方法的基础上采用简化的 MCRS 法对区域内各省份的合作收益进行分配。其原因在于，简化的 MCRS 法可以有效解决其他成本分配方法需要求解大量方程组的缺陷，提高了大气污染在合作治理中的成本分配效率，是环境治理成本分配中较为便捷有效的一种方法。

在区域大气污染合作治理模型下，区域内合作治污的总收益分配的表达式为：

$$Z_i^* = Z_{i\min} + \frac{Z_{i\max} - Z_{i\min}}{\sum_{i \in I}(Z_{i\max} - Z_{i\min})} \cdot \left[C(I) - \sum_{i \in I} Z_{i\min} \right], \forall i \in I \quad (5-15)$$

在式（5-15）中，首先确定省份 i 在大气污染合作治理模型下的收益分配向量 Z 的上下界，分别为 $Z_{i\max}$、$Z_{i\min}$，即 $Z_{i\min} \leqslant Z_i \leqslant Z_{i\max}$。其中，$Z_{i\max}$ 表示合作治理模式下省份 i 所获得的最大收益，$Z_{i\min}$ 表示单独治理模式下省份 i 所获得的最低收益。将 $Z_{i\max}$ 和 $Z_{i\min}$ 一一连接，将多维空间中的连线与平面 $\sum_{i=1}^{n} Z_i = C(I)$ 的交点 Z_i^* 作为解值，即由 $Z_i = Z_{i\min} + \lambda(Z_{i\max} - Z_{i\min})$ 和 $\sum_{i=1}^{n} Z_i = C(I)$ 求解而得。通常在 MCRS 方法中收益分配向量的上下界 $Z_{i\max}$ 和 $Z_{i\min}$ 是通过求解线性规划问题得到的，而在简化的 MCRS 方法中，直接定义收益分配的计算公式为：

$$\begin{cases} Z_{i\min} = C(I) - C(I - \{i\}), \forall i \in I \\ Z_{i\max} = X_i, \forall i \in I \end{cases} \quad (5-16)$$

在式（5-16）中，$Z_{i\max}$ 表示的是区域内各省份在大气污染属地治理模式下所获得的最大收益分配值，$Z_{i\min}$ 则表示的是合作治理模型下区域内各省份的最低收益分配值。其中，$C(I)$ 表示区域合作治理模型下大气污染治理所获得的总收益，$C(I - \{i\})$ 表示省份 i 不参与合作时其他联盟组合所获得的收益，X_i 表示区域内各省份单独治理大气污染时所获得的收益，i 表示区域内参与大气污染治理的省份，I 表示所有参与大气污染治理的省份的集合。

5.4 京津冀区域实证分析

5.4.1 区域选取及数据来源

京津冀区域包括北京、天津和河北三个省份，是中国的首都经济圈，经济发达、人口密集。该地区是中国大气污染较严重的地区之一，也是中国开展联防联控战略的重点地区之一。据统计，2015 年该区域人口占中国总人口的 8.11%，地区生产总值占全国生产总值的比例高达 10.11%（中国统计局，2015）。

一方面，京津冀区域偏重工业的产业结构、以煤为主的能源结构、以公路为主的交通结构都与该区域大气环境变化情况呈相关性，并形成了燃煤—机动车—工业废气排放多种污染物的联动共生局面。其中，SO_2 作为一种主要的大气污染物，其高污染、高排放量造成京津冀区域重污染天气频频发生。该区域工业 SO_2 排放一直是各省份 SO_2 排放总量的主要排放源。根据《中国环境统计年鉴》，2015 年京津冀区域的 SO_2 排放量占全国 SO_2 总排放量的 7.34%，其中京津冀区域的工业 SO_2 排放量占京津冀区域 SO_2 排放量的 73.68%。而有关工业 SO_2 污染排放量、去除量及去除成本等相关统计数据相对其他污染物数据较为完整，因此，选择 2015 年京津冀区域三省份的工业 SO_2 治理作为实证研究对象，对促进中国开展区域合作治污具有代表性和可行性，也为本书开展实证研究提供了可能。

另一方面，京津冀区域位于东经 113°04′~119°53′，北纬 36°01′~42°37′，以北与辽宁、内蒙古自治区相接壤，以西与山西交界，以南与河南、山东相邻，以东紧傍渤海。该区域地处华北平原，以河北平原西部的太行山和北部的燕山为界，位于太行山东侧"背风坡"和燕山南侧的半封闭地形中，削弱了该地区秋冬季盛行西北季风的作用，同时受中层暖盖的影响，"弱风区"特征明显，导致污染物扩散条件较差，污染物难以越过这两条大的山脉，被迫聚集在华北平原的上空，造成京津冀区域空气污染严重。而在当前高强度的污染物排放背景下，一旦出现近地面风速小于 2 米/秒、相对湿度高于 60%、边界层高度低于 500 米、逆温等不利气象条件，极易产生本地积累型污染。京津冀区域严重的空气污染主要在于本区域内的污染传输贡献，而非京津冀周边省市的污染物传输对京津冀区域空气污染的贡献，除山东、河南两省对本区域存在一定的污染传输外，其他省份的空气质量较好，且污染物排放较小，对该区域的污染传输可忽略不计。由此可见，该区域 SO_2 统计数据质量较好，可忽略周边省份污染传输的影响。因此，本书借鉴 1979 年美国应用"泡泡政策"管理企业排放污染这一经典案例，将京津冀区域视为一个大泡泡，泡泡内的污染物排放可在区域内各省份间传输，只要整个泡泡的污染物总排放量不超过中央政府规定的各省份的污染物排放指标之和，即可认为该区域的空气质量满足国家标准。对于京津冀区域而言，污染物的跨界传输是在这个"大泡泡"区域内部进行的，整个区域内的污染物输出和输入基本保持平衡。

为了确定京津冀三省市的人群健康损害降低函数（ΔE_i）和污染去除成本函数（RC_i），从《中国环境统计年鉴》（2006～2016 年）收集了 2005～2015 年共 11 年的样本数据，三省市 SO_2 的全省总排放量与工业排放量，以及废气治理设施年度运行费用等数据，从 2006～2016 年的《北京统计年鉴》《天津统计年鉴》及河北省统计数据中收集了各省市 SO_2 年均浓度、各年龄组人口规模等相关数据。其中，年鉴中统计的"废气治理设施年度运行费用"是指报告期内用以维持废气治理设施运行所发生的费用，包括能源消耗、设备折旧、设备维修、人员工资、管理费、药剂费及设施运行有关的其他费用等，主要用于 SO_2、烟尘和粉尘的去除。参考薛（Xue，2015）的做法，综合考虑交叉效应（cross effects）和污染去除的协同效应（co-benefits），将工业 SO_2 的年去除成本从"废气治理设施年度运行费用"中计算分离出来。

参数 i，j，k，h_{ijk}，β_{ijk} 的赋值简要说明如下：（1）京津冀区域的任意省/市 $i \in I = \{1, 2, 3\} = \{$京，津，冀$\}$；各省市人口按年龄分为 0～14 岁、15～64 岁和 65 岁及以上三个年龄组，即年龄组 $j \in J = \{1, 2, 3\} = \{0～14$ 岁，15～64 岁，65 岁及以上$\}$。（2）本书实证研究的人群健康损害仅考虑呼吸系统疾病死亡（mortality due to respiratory diseases，MRD）和心血管疾病死亡（mortality due to cardiovascular diseases，MCD）两种健康效应结局，即 $k \in K = \{1, 2\} = \{MCD，MRD\}$。（3）京津冀三省市相邻，人口身体素质相当，可近似认为三省市 MCD 和 MRD 的基线死亡率相同、浓度—反应系数 β_{ijk} 相同。鉴于数据的可用性，我们借鉴谢等（Xie et al.，2016）的浓度—反应系数和健康基线数据。相关参数数据如表 5－2 所示。

表 5－2   **2015 年京津冀区域人口数量数据汇总**

年龄组	人口（万人）			β_{ijk}（%）		h_{3jk}（10^{-5}）	
	北京	天津	河北	β_{ij1}	β_{ij2}	h_{3j1}	h_{3j2}
0～14 岁	219.1	128.59	1430.85	18.82	10.23	23.64	3.04
15～64 岁	1728.6	751.37	5310.64	9.54	10.23	51.92	420.49
≥65 岁	222.8	410.71	754.26	8.14	4.66	710.07	3116.5

另外，优化模型中涉及的京津冀区域及各省 SO_2 减排相关数据，主要来源于《两控区酸雨和 SO_2 污染防治"十二五"规划》。

5.4.2 双目标优化模型实证分析

5.4.2.1 人群健康损害降低函数确定

京津冀三省市的 SO_2 污染主要来源于工业含硫燃料的燃烧排放，如煤炭、石油、天然气等。各省市工业 SO_2 排放均占总排放的 60% 以上（Zhao et al.，2014），只有采取措施对工业 SO_2 排放进行治理才能有效治理 SO_2 污染。因此，第 t 年 i 省份采取措施对工业 SO_2 排放进行治理而获得的 SO_2 年均浓度变化 Δc_{it} 约为 $\lambda_{it-1} \cdot c_{it-1} - \lambda_{it} \cdot c_{it}$，其中，$\lambda_{it}$ 和 λ_{it-1} 分别是 i 省份第 t 年与第 $t-1$ 年工业 SO_2 排放占全省总排放的比重。由此，c_{it} 与工业 SO_2 去除率（x_i^t）满足如下关系：

$$\Delta c_{it} = \lambda_{i,t-1} \cdot c_{i,t-1} - \lambda_{it} \cdot c_{it} = \rho - \frac{\sigma}{x_{it}} \tag{5-17}$$

式（5－17）中，ρ 和 σ 均为待估参数，其值可通过非线性回归分析得到。相应地，京津冀区域因三省市采取措施进行工业 SO_2 治理而减少的区域人群健康损害总和为：

$$\Delta E = \sum_{i=1}^{3} \sum_{j=1}^{3} \sum_{k=1}^{2} p_{ij} \cdot h_{ijk} \cdot \beta_{ijk} \cdot \left[\left(1 - \frac{\lambda_{it-1}}{\lambda_{it}} \right) \cdot c_{it-1} + \frac{1}{\lambda_{it}} \cdot \left(\rho - \frac{\sigma}{x_{it}} \right) \right]$$

$$\tag{5-18}$$

剔除异常值，利用 IBM SPSS 21.0 对各省市统计数据进行拟合，获得参数 ρ 和 σ 的值，并获得各省市 Δc_{it} 和 x_{it} 的倒数关系，如表 5 - 3 所示。显然，各省市工业 SO_2 去除率 x_{it} 与 c_{it} 之间存在稳定的倒数关系，R^2 均大于 0.7，显著性指标均通过检验（$p < 0.05$）。

表 5 - 3　　　　　　　　x_i^t 与 c_i^t 之间的倒数关系拟合结果

省份	ρ	σ	R^2	F - test	P
北京	9.70	3.20	0.949	148.759	0.001
天津	13.06	3.36	0.956	65.752	0.004
河北	9.50	4.47	0.920	57.118	0.001

将表 5 - 3 中的拟合结果与表 5 - 2 中数据代入式（5 - 18），得到 2015 年京津冀区域降低的人群健康损害所实现的货币收益分别如下：

$$\Delta E_1 = 263992.20 - \frac{87207.82}{x_1}$$

$$\Delta E_2 = 355699.80 - \frac{91450.88}{x_2}$$

$$\Delta E_3 = 832866.25 - \frac{391715.35}{x_3}$$

将北京、天津和河北三省市的人群健康损害所实现的货币收益相加，可得到整个京津冀区域的人群健康损害所实现的货币收益，如式（5 - 19）所示：

$$\Delta E = 1452558.25 - \frac{87207.82}{x_1} - \frac{91450.88}{x_2} - \frac{391715.35}{x_3} \quad (5-19)$$

并再次利用 IBM SPSS 21.0 对京津冀区域 2005 ~ 2015 年的统计数据进行线性回归，剔除异常值，得到 $\ln\delta_i$、φ_i 和 μ_i 的估计值，结果如表 5 - 4 所示。

表 5 - 4　　　　　　各省市工业 SO_2 去除成本函数拟合结果

省份	$\ln\delta$	φ	μ	R^2	F - test	P
北京	15.528	- 1.05	1.279	0.962	152.46	< 0.001
天津	- 8.528	1.806	1.006	0.972	157.446	< 0.001
河北	- 6.092	1.220	1.044	0.996	1407.956	< 0.001

由此可得，京津冀三省市 2015 年的工业 SO_2 去除成本 rc 为：

$$rc = 1005.32 \cdot x_1^{1.279} + 3272.47 \cdot x_2^{1.006} + 2064.32 \cdot x_3^{1.004} \quad (5-20)$$

5.4.2.2　合作博弈模型（双目标优化模型）

我国政府确定了"十二五"期间中国各地区 SO_2 排放总量的约束性指标，即：在"十二五"期间全国主要污染物排放总量应减少 8%[①]。京津冀区域三省份 2010 年的 SO_2 排放量分别为：北京 10.4 万吨，天津 23.8 万吨，河北 143.8 万吨。按照国家规定，到 2015 年为止，京津冀区域三省份的排放量应分别下降至 9.0 万吨、21.6 万吨、125.5 万吨[②]，再根据《中国环境统计年鉴》计算得到 2015 年京津冀区域各省份 SO_2 的相关数据，如表 5 - 5 所示。

表 5 - 5　　　　　　　2015 年度京津冀区域内各省份 SO_2 相关指标　　　　　单位：万吨

统计指标	北京	天津	河北	总计
国家规定的 SO_2 排放指标	9.0	21.6	125.5	156.1
国家分配的 SO_2 去除指标	2.33	32.01	187.19	221.53
SO_2 实际排放量	7.12	18.59	110.84	136.55
工业 SO_2 去除量	4.21	36.77	201.86	242.84
SO_2 实际产生量	11.33	53.61	312.69	377.63
工业 SO_2 产生量	6.42	52.23	284.80	343.45

资料来源：《中国环境统计年鉴 2015》《两控区酸雨和 SO_2 污染防治"十二五"规划》。

将上述各参数代入前文所建立的双目标优化模型，得到 2015 年京津冀区域的最优去除率优化模型为：

$$\begin{cases} \max\Delta E = 1452558.25 - \dfrac{87207.82}{x_1} - \dfrac{91450.88}{x_2} - \dfrac{391715.35}{x_3} \\ \min rc = 1005.32 \cdot x_1^{1.279} + 3272.47 \cdot x_2^{1.006} + 2064.32 \cdot x_3^{1.004} \end{cases} \quad (5-21)$$

[①②]　国家下达"十二五"各地区二氧化硫排放总量控制计划 [J]. 节能与环保, 2012 (4).

$$s.t. \begin{cases} x_1 \geqslant 51\% \\ x_2 \geqslant 64\% \\ x_3 \geqslant 62\% \\ 40\% \leqslant x_1 \leqslant 90\% \\ 40\% \leqslant x_2 \leqslant 90\% \\ 40\% \leqslant x_3 \leqslant 90\% \\ 19.14 \cdot x_1 + 60.75 \cdot x_2 + 343.67 \cdot x_3 = 263.34 \\ x_1 \geqslant 54\% \\ x_1 \geqslant 25\% \\ x_1 \geqslant 51\% \\ \dfrac{0.2357}{x_1} + \dfrac{0.2713}{x_2} + \dfrac{4.7877}{x_3} \leqslant 9.4103 \end{cases} \quad (5-22)$$

采用乘除法求解双目标的优化问题：

$$\max_{x_i} f = \frac{\Delta E}{rc} \quad\quad (5-23)$$

然后，用 Lingo 11.0 求解化为单目标的优化模型，得到京津冀三省市在 2015 年工业 SO₂ 合作治理的最优去除率（x_i^*）分别是 59.48%、64%、62%。与属地治理模式下的去除率 66%、70%、63% 相比，三省市的工业 SO₂ 污染去除率均有下降。

根据合作治污的最优去除率和属地模式下的去除率指标相应计算两模型下各省份及京津冀区域的污染物年去除量（r）、人群健康损害降低量（ΔE）、去污成本（RC），以及污染治理综合成本（TC）等指标值，如表 5-6 所示。由表 5-6 可知，同为完成 221.53 万吨的区域总去污量，属地模式需要区域去污成本 4146.89 万元，但在合作治理模型下仅需 3889.52 万元，合作治理模型比属地治理模型节约了 257.37 万元。合作治理使整个区域减少因 SO₂ 污染造成的 MRD 和 MCD 共计 56.99 万人，比属地治理模式多减少了死亡人数 1839.50 人，降低了 3.2%。按照已有研究的计算标准，平均减少一例死亡相当于获得 83574.6 美元的经济收益，另外结合 2015 年平均汇率（1 美元 =

6.23元）计算，合作治理模型因降低人群健康损害而减少的经济损失为
21.31亿元，比属地治理模式多节约了331万元的经济损失。合作治理模型
下区域污染综合治理成本为3558.52万元，比属地治理模型降低了6.6%，
约节约了234.45万元，区域内三省市合作治污可节约区域治污综合成本
234.45万元。

表5-6　　　合作治理模型与属地治理模型的治污效果比较（2015年）

省份	合作治理模型					属地治理模型				
	x_i^* （%）	r_i （万吨）	ΔE_i （万人）	RC_i （万元）	TC_i （万元）	x_i （%）	r_i （万吨）	ΔE_i （万人）	RC_i （万元）	TC_i （万元）
北京	54	2.33	10.25	457.13	383.99	66	4.21	13.19	590.88	508.71
天津	63	32.01	21.05	2030.82	1898.24	70	36.77	22.51	2257.89	2117.66
河北	68	187.19	25.68	1401.57	1276.29	63	180.55	21.11	1298.12	1166.61
总计	—	221.53	56.99	3889.52	3558.52	—	221.53	56.80	4146.89	3792.97

5.4.3　合作收益实证分析

本书选取的实证区域包含北京、天津和河北三个省市，结合表5-6
中的数据，并根据式（5-12）~式（5-16），计算出京津冀区域所获得
总收益（$C(I)$）为234.45万元，以及在北京、天津、河北三省市分别
不参与大气污染合作治理，其他两个省份进行合作的组合情况下，两两
省份合作所获得的收益（$C(I-\{i\})$）分别为：天津和河北合作收益
7310.41万元、北京和河北合作收益5025.56万元、天津和河北合作收
益6729.56万元。最后，再根据简化的MCRS法合作收益分配模型计算
出北京、天津、河北三省市所获得的合作收益（Z_i）分别为90.35万元、
61.17万元、82.93万元，即在合作治理模型下，北京、天津、河北可节
约的大气污染的综合治理成本分别为90.35万元、61.17万元、82.93万
元，结果如表5-7所示。

表 5 –7   2015 年京津冀区域合作前后的综合治理成本比较   单位：万元

省份	属地治理模型下的综合治理成本（①）	合作治理模型下可节约的综合治理成本（②）	合作治理模型下的综合治理成本（③＝①－②）	合作后实际需要的综合治理成本（④）	转移给其他省份的综合治理成本（⑤＝③－④）
北京	508.71	90.35	418.36	383.99	34.37
天津	2117.66	61.17	2056.49	1898.24	158.25
河北	1166.61	82.93	1083.68	1276.29	−192.61
合计	3792.97	234.45	3558.52	3558.52	0.00

通过表 5 – 7 可以发现，在 MCRS 法合作收益分配模型下，京津冀区域内各省份的收益分配之和为 234.45 万元，即大气污染合作治理模型下可节约的综合治理成本为 234.45 万元。为保证各省份均可从合作治理模型中获取收益，并激励其积极参与到区域大气污染合作治理中，北京和天津需向河北支付治理费用共 192.61 万元，这是河北为北京和天津分担部分去污指标所应得的资金补偿。这也符合"污染者付费原则"，经济发展水平高、碳排放量大的省份应该承担更多的责任和义务来减少排放。

由此可见，北京、天津、河北通过大气污染区域协同合作治理，不但将每个省份各自的综合治理成本降低，而且京津冀区域的综合治理成本也相应减少。与属地治理模型相比，合作治理模型充分考虑了京津冀区域内各省份污染治理技术和水平、人们的健康状况。因此，通过双目标优化模型和合作收益分配模型，实现了区域及区域内各省份治理成本、健康损害人数降低共赢的局面。

5.5   模型因素分析

为检验不同参数组合 $[\underline{a}_i, \bar{a}_i, \sigma_i]$ 对模型效果的影响，本书对合作治理模型中的参数 $\underline{a}_i$、$\bar{a}_i$ 和 σ_i 进行敏感性分析，结果如表 5 – 8 所示。

表 5-8 不同参数组合下的模型效果分析

$[\underline{a}_i, \bar{a}_i, \sigma_i]$	北京		天津		河北		总计		降低率（%）	
	ΔE_1（万人）	RC_1（万元）	ΔE_2（万人）	RC_2（万元）	ΔE_3（万人）	RC_3（万元）	ΔE（万人）	RC（万元）	ΔE（万人）	RC（万元）
[0.4,0.9,1.3]	12.98	579.46	16.52	1544.77	23.02	1399.50	52.52	3463.72	7.5	16.47
[0.3,0.9,1.3]	12.98	579.46	16.52	1544.77	23.02	1399.50	52.52	3463.72	7.5	16.47
[0.5,0.9,1.3]	12.98	579.46	17.28	1609.53	22.08	1318.81	52.34	3507.79	7.9	15.41
[0.6,0.9,1.3]	13.19	590.88	20.33	1933.55	20.11	1277.43	53.62	3801.86	5.6	8.32
[0.4,0.8,1.3]	12.98	579.46	16.52	1544.77	23.02	1339.50	52.52	3463.72	7.5	16.47
[0.4,0.85,1.3]	12.98	579.46	16.52	1544.77	23.02	1399.50	52.52	3463.72	7.5	16.47
[0.4,0.95,1.3]	12.98	579.46	16.52	1544.77	23.02	1399.50	52.52	3463.72	7.5	16.47
[0.4,0.9,1.2]	12.98	579.46	17.98	1674.30	22.08	1318.81	53.05	3572.57	6.6	13.85
[0.4,0.9,1.4]	12.98	579.46	14.79	1415.30	23.02	1339.50	50.79	3334.25	10.58	19.60
[0.4,0.9,1.5]	12.98	579.46	12.71	1285.90	23.94	1360.19	49.63	3225.54	12.62	22.22

$\underline{a}_i$ 代表省份 i 污染去除率的最低水平，合作博弈模型计算得到的各省最优去除率均在 0.4 以上，因此在区间 [0.3, 0.6] 内改变 $\underline{a}_i$ 的值对模型结果并不产生影响，ΔE_i 和 rc_i 均不因 $\underline{a}_i$ 值的改变而发生任何变化。因此，整个区域健康损害的降低量和去除成本保持不变，$\underline{a}_i$ 的值在区间 [0.3, 0.6] 内改变对模型结果影响不大。

$\bar{a}_i$ 代表 i 省污染去除的最大能力水平。当 $\bar{a}_i = 0.9$ 时，计算得到京津冀三省市的最优去除率均低于 90%。当 $\bar{a}_i$ 由 0.9 增至 0.95 时，天津市的最优去除率将得到进一步优化，由 40% 增至 48%；仅河北的最优去除率有所下降，由 66% 至 65%；北京的最优去除率保持不变。与属地治理模型相比，京津冀区域总的健康损害死亡数量降低了 7.5%，且污染治理成本也有所下降，比属地治理模型节约了 16.5%。相反，当 $\bar{a}_i$ 由 0.90 降到 0.85 和 0.80 时，三省市的最优去除率均没有发生变化。由此可见，在京津冀区域内，$\bar{a}_i$ 的变化对合作治理模型有一定的影响，当 $\bar{a}_i$ 取值增加时，区域内的健康损害人数和治理成本均有所下降。

σ_i 表示 i 省份大气环境污染承载能力的倍数，其值大小与各省污染承载能力大小密切相关，直接决定着政府对各省减排目标的设定。由于各省市的技术水平、资金、治理能力等条件限制，各省市的污染去除能力有一定的差异性。σ_i 越大，环境对污染的承载能力越大，允许污染外部输入的潜在空间越大，且面临的污染去除压力越小。因此，较大的 σ_i 意味着各省合作空间越大，更易于获得全局最优。当 σ_i 由 1.3 增至 1.4 时，相比属地治理模型，合作博弈模型的治理成本节约了 19.6%，健康损害死亡人数下降了 10.58%。当 σ_i 增至 1.5 时，健康损害减少的死亡人数下降了 12.62%，合作治理成本节约了 22.22%。但当 σ_i 由 1.3 降至 1.2 时，健康损害死亡人数下降了 6.6%，合作治理成本节约了 13.85%。由此可见，σ_i 的变化对合作治理模型会产生一定的影响。

5.6　小　　结

在国家出台一系列严厉的大气污染治理政策背景下，本着找到一种有效均衡大气污染治理的区域大气污染治理激励机制，以及这种机制也能有效均衡其对公众健康负外部性影响的目的，本章研究构建了基于降低健康损害死亡人数和大气污染治理去除成本为目标的区域大气污染合作治理模型，并以京津冀区域 2015 年的 SO_2 治理为例进行实证分析。研究结果表明，无论是在降低健康损害死亡人数方面还是在污染去除成本节约方面，本章研究提出的合作治理模型都明显优于属地治理模型。与现行的属地治理模式相比，双目标优化模型下，区域内降低的健康损害死亡人数增加了 1839.50 人，约为属地治理模式的 7.5%；节约污染去除成本 257.37 万元，约为属地治理模式的 16.47%；大气污染的综合治理成本节约了 234.45 万元，约为属地治理模式的 6.59%。表明无论是在就业增加方面还是在污染治理成本节约方面，本章研究提出的合作治理模型都明显优于属地治理模型。基于此，本书得出以下结论。

首先，合作博弈模型相对于属地治理模型在优化各地区污染去除率方面的优势，很大程度上依赖于区域的选择。合作博弈模型与属地治理模型实证结果的差异性大小取决于区域内各地区污染去除成本、人口分布、年龄结构等因素的差异性大小。因此，合作博弈模型更适合的实施区域应具备的特征是：区域内各地区在人口规模、年龄结构、污染去除成本等方面存在显著差异。因为这些差异性会潜在影响污染去除率，从而使整个区域的污染去除成本最小化的同时使减少的人群健康损害达到最大。

其次，区域大气污染联动治理合作博弈模型把降低人群健康损害目标纳入区域大气污染治理目标体系，有助于我国大气污染治理由总量控制向质量转变升级，同时也为各年龄组人群健康损害防护措施的制定提供了科学依据。例如，在雾霾易暴发的冬、春季节，应加强对老年人、心血管病人的防护，降低这类人群在污染环境的暴露，可有效降低污染造成的健康损害。因此，我国大气污染联动治理可采用本章研究提出的合作博弈模型，突破当前属地治理模式的束缚，鼓励区域内各地区间建立长效合作关系，并实现总量减排向质量改善的转型升级。

最后，本书提出的考虑降低人群健康损害死亡人数和污染治理成本的大气污染合作治理模型可广泛应用于区域内省份间的污染合作治理。此外，该方法还可推广到其他污染物的治理研究中。虽然在目前的研究中，该模型仅考虑了一种污染物的处理，但在未来的研究中，我们将致力于将模型扩展到同时考虑多种污染物的治理以及这些目标之间的相互作用，这将是未来研究的一个挑战。尽管如此，这种合作治理方法为解决当前全球大气污染问题提供了重要的参考，该方法甚至也可能适用于缓解气候变化的研究。

第6章 基于期货交易的公众健康视角下 区域大气污染联动治理模型

随着全球经济社会的发展，空气污染越来越严重，区域性的空气污染正逐渐发展成为"全球空气污染危机"（McNeill，2019）。现有研究表明，空气污染对公众健康有严重的不良影响。暴露在被污染的空气中会增加公众，特别是易感人群心脑血管疾病和呼吸系统疾病的发病率及死亡率（Maji et al.，2018；Chen et al.，2019）。同时，空气污染还会影响公众的心理健康（Sui et al.，2018）、中枢神经系统（Shou et al.，2019）以及认知功能等（Schikowski et al.，2015）。研究表明，空气污染的浓度越高，人群暴露于污染空气的时间越长，健康的损害程度就越大（Burnett et al.，2018）。另外，在同等污染防控程度下，由于人口数量、人口密度的不同，以及产业结构的差异，各地会产生不同程度的公众健康损害问题。因此，积极探索有效控制空气污染并减少公众健康损害的方法，具有十分重要的意义。

应对空气污染，我国政府已经采取了大量措施，包括大气污染联动治理战略。联动治理战略旨在促进区域内的不同主体，如相邻省市等，互相合作进行空气污染治理（Wang and Zhao，2018）。该战略既考虑了空气污染的整体性特征，也考虑了不同城市污染治理的成本差异，能够有效实现优势互补、合作共赢。生态环境部的数据显示，我国京津冀、汾渭平原等污染严重的地区，在实行空气污染联动治理战略后，空气质量得到了有效改善。然而，由于这项战略的推进缺乏动力，且实施范围太小，对全国空气污染治理的效果并不是很理想。还有学者认为，联动治理战略效果不佳是因为缺乏一套科学合理的激励机制来提高各地区参与联动治理的动力。当下，我国污染治理的方式仍然是以属地管理模式为主，在属地管理模式下，减排任务是以行政命令方式分配到各个省份，各省份独立完成中央政府规定的减排目标。这样，就必然会产生高额成本，且治理效果不尽如人意。因此，利用排污权交易和期货交易等市场化工具，弥补属地管理模式下非合作治理的缺陷，设计出合理有效的合作激励机制来实现联防联控已迫在眉睫（Xue et al.，2020）。

　　将排污权交易应用于空气污染治理中的研究已经较为广泛。有学者发现，排污权交易和排污权期货交易在污染治理方面十分有效（Zhao et al.，2014；Zhao et al.，2016；Liu et al.，2018）。此外，迈尔等（Mayer et al.，2017）指出，期货交易能够通过促进公平竞争和降低商品流通成本来提高市场效率。扎斯卡拉基斯（Daskalakis，2018）认为，期货交易能够转移市场价格波动的风险，并且引导投资方向。尽管当前的文献对排污权交易进行了较为广泛的分析，但是在排污权交易与期货交易结合以及考虑空气污染对健康危害的研究却鲜有人关注。

　　据现有文献来看，目前只有一篇论文在研究中将排污权期货交易引入空气污染治理中（Zhao et al.，2014）。赵等（Zhao et al.，2014）利用排污权期货交易分析了联防联控的优越性。然而，他们只考虑了排污权期货交易的潜在作用，没有考虑污染的公众健康损害。当前，对空气污染健康损害的研究也主要集中在空气污染与各种疾病之间的关系（Lu et al.，2017；Mishra，2017），以及降低空气污染对公众影响上（Voorhees et al.，2014）。只有一篇论文在联防联控框架中同时考虑了公众健康损害和降低治理成本两个目标（Xie et al.，2016）。其在对空气污染的健康损害进行定量分析的基础上，讨论了联动治理的优越性，但是没有在交易中使用以市场化的工具。

　　本书通过将期货交易与排污权交易相结合，提供了一种新颖的思路。排污权期货交易是对空气污染治理和公众健康损害的双目标优化，在最小化治理成本的同时，提高联防联控参与者的积极性。为了进一步证明该模型，我们将所提出的排污权期货交易模型应用于京津冀地区作为案例研究，结果表明，该模型在经济效益和公众健康方面都显著优于属地治理模型。本章的结果也将激发人们对改进联防联控方法的思考，从而对未来的研究做出重大贡献。它也将为未来改善空气质量的计划提供重要的支持。

6.1 排污权期货交易模型

6.1.1 研究框架

排污权期货交易模型包括三个子模型，分别是排污权期货市场分类模型、买方或卖方市场合作优化模型、合作收益分配模型。首先，建立排污权期货交易模型，将排污权期货交易市场划分为不同的类别；其次，建立排污权期货交易的合作优化模型，对参与交易地区的污染物排放量和去除量进行计算；再次，将合作收益在合作伙伴之间进行分配，以激发各地区参与联防联控的积极性；最后，以京津冀地区 SO_2 治理为例进行实证研究。本章的研究框架如图 6-1 所示。

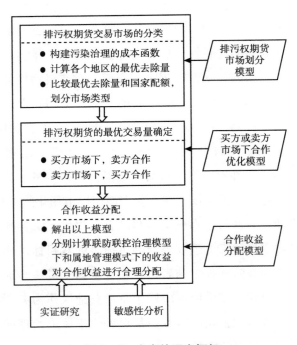

图 6-1 本章的研究框架

6.1.2　模型涉及的主要函数

模型包含四种成本函数：环境污染成本函数、污染物去除成本函数、交易成本函数和污染治理所降低的公众健康损害成本函数（我们称前三种成本为直接治理成本），这些参数和变量具体如表6-1所示。

表6-1　　　　　　　　　　　**集合、参数和变量**

集合	含义	
A	参与联防联控地区的集合	
Ω_S	联防联控区域内排污权期货卖方的集合	
Ω_B	联防联控区域内排污权期货买方的集合	
参数	**含义**	**单位**
T	期货合约到期时间	年
t	期货的当前时间	年
P_{Ii}	地区 i 的某种大气污染物年工业产生量	千吨
P_{Ti}	地区 i 的某种大气污染的年产生量	千吨
r	无风险连续复利的年利率	%
u	单位人群健康损害降低的货币价值	美元
h_i	国家规定的地区 i 年度大气污染物削减配额	千吨
Q_i	国家规定的地区 i 年度大气污染物年度排放配额	千吨
ω_{it}	地区 i 在 t 年的废气排放量	立方米
p_{ijt}	第 t 年 i 地区第 j 年龄组人群的人口数量	人
h_{ijk}	i 地区 j 年龄组内第 k 种疾病死亡的基线值	每万人
β_{ijk}	剂量反应系数，单位污染浓度变化引起的 i 地区 j 年龄组 k 种疾病死亡率的变化值	%
Δc_{it}	i 地区第 t 年某大气污染物年日均浓度比上一年的降低量	千吨
$|\mathbf{A}|$	集合 $\mathbf{A}$ 中的元素个数	—
$V(\mathbf{A}-\{i\})$	除去地区 i 后，$|\mathbf{A}|-1$ 区域去除污染物所产生的综合成本	美元
变量	**含义**	**单位**
R_i	地区 i 某种污染物的年均去除量	千吨

首先，空气污染对环境损害的程度与环境容量有关。由于自然背景值及环境各种要素特性、社会功能不同，各地区的环境容量也不同。当污染物排放较少且低于环境容量时，对环境的危害相对较小。在一定范围内，随着污染物排放量的增加，大气污染对环境的破坏程度也会增加。因此，我们可以将 i 地区大气污染造成环境损害的成本（ EDC_i ）表示为：

$$EDC_i = EDC_i(R_{Ti} - R_i) \tag{6-1}$$

其次，根据曹东等（2009）的研究，我们将 i 地区污染去除成本（ RC_i ）和污染物年去除量之间的函数关系表达如下：

$$RC_i = \theta_i \times (\omega_{it})^{\varphi i} \times (R_i)^{\mu i} \tag{6-2}$$

参数 θ_i 、 φ_i 、 μ_i 反映产业结构、企业的所有权结构、污染治理水平等因素。为了简化计算，我们对方程两边进行对数变换，如下：

$$\ln RC_i = \ln\theta_i + \varphi_i \times \ln\omega_{it} + \mu_i \times \ln R_i \tag{6-3}$$

再次，我们假设研究区域有一个近乎完美的、无摩擦的排污权期货交易市场。因此，排污权期货交易成本（ EC_i ）可以表示为：

$$EC_i = (h_i - R_i) \times S \tag{6-4}$$

单位排污权期货交易成本可以用现货价格（ F ）或期货价格（ S ）来代替，它们之间的关系可以用经典的期货定价公式来表示（Cornell and French，1983），即：

$$S = F \times \exp[r \times (t - T)] \tag{6-5}$$

最后，参考李（Li，2004）的文献，我们采用线性展开式来衡量第 t 年 i 地区 j 年龄组第 k 种疾病由于污染治理所降低的公众健康损害成本（ ΔE_{it} ），如下：

$$\Delta E_{it} = u \times P_{ijt} \times h_{ijk} \times \beta_{ijk} \times \Delta Cit \tag{6-6}$$

根据赵等（Zhao et al.，2014）的研究，假设污染物浓度的变化与该地区的污染物去除量成反比：

$$\Delta C_{it} = C_{it-1} - C_{it} = \rho_i - (\delta_i / R_i), \forall it \tag{6-7}$$

因此，污染治理所降低的公众健康损害成本可以表示为：

$$\Delta E_{it} = \mu \times P_{ijt} \times h_{ijt} \times \beta_{ijt} \times [\rho_i - (\delta_i / R_i)], \forall it \qquad (6-8)$$

6.1.3　市场划分模型

根据迈克尔（Michael, 1979）提出的"泡泡"政策，我们把整个研究区域看作一个大泡泡，在这个大泡泡中空气污染物就可以互相转移，只要整个地区的总排放量不超过排放限额即可。此外，我们假设泡泡中的决策者都是理性的，即它们的目标都是在最大限度地去除区域污染物的同时，最大限度地降低污染物对公众健康的损害。为了将排污权期货交易市场划分为不同的类型，明确不同市场类型下的交易情况，我们设计了以下市场划分模型：

$$
\begin{cases}
\min F(R_i) = EDC_i(P_{Ti} - R_i) + \theta_i \times (\omega_{it})^{\varphi_i} \times (R_i)^{\mu_i} + (h_i - R_i) \times S & (6-9) \\[2mm]
\max G(R_i) = u \times \sum_{j=1}^{n} \sum_{k=1}^{q} P_{ijt} \times h_{ijt} \times \beta_{ijk} \times \Delta C_{it} & (6-10) \\[2mm]
s.t.\ a_i \times P_{Ii} \leqslant R_i \leqslant \beta_i \times P_{Ii}, i = 1, 2, \cdots, m & (6-11) \\[2mm]
R_i \geqslant P_{Ti} - \lambda \times Q_i, i = 1, 2, \cdots, m & (6-12) \\[2mm]
R_i \geqslant 0, i = 1, 2, \cdots, m & (6-13)
\end{cases}
$$

这是一个多目标规划问题（Ravina et al., 2017）。第一个目标如式（6-9）所示，即综合治理成本最小。第二个目标如式（6-10）所示，表示最大限度降低地区 i 内所有人群健康损害之和。式（6-11）~式（6-13）是模型的约束条件。式（6-11）表示，根据中央政府的要求，任何地区都必须消除一定数量的污染物。式（6-13）表示由于技术、资金等方面的限制，污染物不可能完全被治理。式（6-12）表示，区域 i 的大气污染物产生总量和排放配额有关的污染物排放总量不能超过年去除量。

根据以上模型可以求得地区 i 的污染物最优去除量 R_i^*，将其与该地区的污染物去除量配额 h_i 相比较，我们可以划分市场类型。排污权期货交易市场根据价格变化，被分为四个类别。划分标准如下：如果 $R_i^* > h_i$，则地区 i 为卖方，其销售量为 $R_i^* - h_i$。如果 $R_i^* < h_i$，则地区 i 为买方，而它购买的数量是 $R_i^* - h_i$。具体如表6-2所示。

表6-2   排污权期货市场类型划分

价格	类型	划分标准
过高或者过低	1	均为买方（价格过低）或者均为卖方（价格过高）
中间	2	买方买入量等于卖方卖出量：$\sum\limits_{i \in \Omega_S} (R_i^* - h_i) = \sum\limits_{j \in \Omega_B} (h_i - R_i^*)$
中间	3	卖方卖出量大于买方买入量：$\sum\limits_{i \in \Omega_S} (R_i^* - h_i) > \sum\limits_{j \in \Omega_B} (h_i - R_i^*)$
中间	4	卖方卖出量小于买方买入量：$\sum\limits_{i \in \Omega_S} (R_i^* - h_i) < \sum\limits_{j \in \Omega_B} (h_i - R_i^*)$

6.1.4 买卖方市场合作优化模型

通过表6-2可知，在类型1中的两种情况均不能形成交易市场。因此，每个地区只能自己完成污染物去除配额。类型2、类型3和类型4中的情况，是能够形成交易市场的，因此，各地区在合作治理模式下，确定各自的最佳污染物去除量。

在类型2中，买方买入量等于卖方卖出量：

$$\sum_{i \in \Omega_S} (R_i^* - h_i) = \sum_{j \in \Omega_B} (h_i - R_i^*) \qquad (6-14)$$

因此，所有地区的最优污染物去除量就等于非合作情况下的污染物去除量。

在类型3中，卖方卖出量大于买方买入量：

$$\sum_{i \in \Omega_S} (R_i^* - h_i) > \sum_{j \in \Omega_B} (h_i - R_i^*) \qquad (6-15)$$

我们称之为买方市场。在这种市场下，买方量是一定的，每个买方地区的最佳污染物去除量与非合作模式是相等的。当买方的需求量确定后，联盟将为所有卖方分配最优的污染物去除量，以使他们的总成本最小化。因此，买方市场合作优化模型可表示为：

$$
\begin{cases}
\min \displaystyle\sum_{i \in \Omega_s} F(R_i) = \sum_{i \in \Omega_s} EDC_i(P_{Ti} - R_i) + \sum_{i \in \Omega_s} \theta_i \times (\omega_{it})^{\varphi_i} \times (R_i)^{\mu_i} + \\
\qquad\qquad\qquad \displaystyle\sum_{i \in \Omega_s} (h_i - R_i) \times S \qquad\qquad\qquad (6-16) \\[2mm]
\max \displaystyle\sum_{i \in \Omega_s} G(R_i) = u \times \sum_{i \in \Omega_s} \sum_{j=1}^{n} \sum_{k=1}^{q} P_{ij}^t \times h_{ijt} \times \beta_{ijk} \times \Delta C_{it} \qquad (6-17) \\[2mm]
s.t. \displaystyle\sum_{i \in \Omega_s} R_i = \sum_{i \in \Omega_s} h_i + \sum_{j \in \Omega_B} (h_j - R_j^*) \qquad\qquad (6-18) \\[2mm]
h_i \leqslant R_i, i \in \Omega_s \qquad\qquad\qquad\qquad\qquad\qquad (6-19) \\[2mm]
a_i \times P_{Ti} \leqslant R_i \leqslant \beta_i \times P_{Ti}, i \in \Omega_s \qquad\qquad (6-20) \\[2mm]
R_i \geqslant P_{Ti} - \lambda \times Q_i, i \in \Omega_s \qquad\qquad\qquad (6-21)
\end{cases}
$$

这个模型有两个目标，分别为式（6-16）和式（6-17）。式（6-16）表示所有卖方的总成本最小化。式（6-17）表示，所有卖方降低的公众健康损害最大化。这个优化模型系统体现了我们将整个联控区域的治理成本和公众健康损害作为一个整体考虑进行优化，而不是针对某一地区。式（6-18）~式（6-21）为其约束条件，式（6-20）、式（6-21）的意义分别与式（6-11）、式（6-12）相似。注意，式（6-20）和式（6-21）的约束对象是买方市场上的所有卖方，式（6-11）和式（6-12）的约束对象是区域 i。式（6-18）表示买方买入量必须等于其污染物排放总量与购买者的购买总量之和。这是卖方合作治理污染的基本要求。式（6-19）表示所有卖方的污染物去除量必须超过政府规定的自己的最大污染物排放限额。

从以上分析不难发现，买方市场合作优化模型与排污权期货市场划分模型的根本区别在于区域内各成员之间是否存在合作关系。显然，前者体现了卖方之间的合作，而后者则没有合作。因此，这两种模型虽然在形式上相似，但其意义是完全不同的。为了使买方市场合作优化模型的综合成本之和最小，则污染治理成本较低的地区需要处理更多的污染物，反之亦然。为了最大限度地降低公众健康损害，并且满足国家环境保护要求，成本较高的地区必须从其他地区购买更多的排放权。这样，虽然污染物治理成本较低的地区污染物去除负担较大，但出售单位排放权期货获得的交易收入可能远远高于其污染物边际去除成本。另外，高去除率地区的污染物减少较少，但必须承担去除成本。因此，该合作优化模型不仅可以促进各区域间的合作，而且可以刺激污染物去除成本高的区域以合理的期货价格购买更多的排放权，或者在污染控制上增加更多的投资。

在类型 4 的情况中，卖方卖出量小于买方买入量：

$$\sum_{i \in \Omega_S} (R_i^* - h_i) < \sum_{j \in \Omega_B} (h_i - R_i^*) \tag{6-22}$$

我们把这种市场称为卖方市场。在这种市场下，卖方的污染物去除量等于卖方的最佳污染物去除量。当确定卖出量时，通过联盟分配买方的最优污染物去除量，使其总成本最小化，则排污权期货卖方市场合作优化模型为：

$$
\begin{cases}
\min \sum_{j \in \Omega_B} F(R_j) = \sum_{i \in \Omega_B} EDC_j(P_{Tj} - R_j) + \sum_{i \in \Omega_B} \theta_i \times (\omega_{jt})^{\varphi_i} \times (R_j)^{\mu_i} + \\
\qquad\qquad\qquad \sum_{j \in \Omega_B} (h_j - R_j) \times S \tag{6-23} \\
\max \sum_{j \in \Omega_B} G(R_j) = u \times \sum_{j \in \Omega_B} \sum_{j=1}^{n} \sum_{k=1}^{q} P_{ij}^{t} \times h_{ijt} \times \beta_{ijk} \times \Delta C_{it} \tag{6-24} \\
s.t. \sum_{j \in \Omega_B} R_j = \sum_{j \in \Omega_B} h_j + \sum_{i \in \Omega_B} (h_i - R_i^*) \tag{6-25} \\
R_j \leq h_j, \ j \in \Omega_B \tag{6-26} \\
a_j \times P_{Tj} \leq R_j \leq \beta_j \times P_{Tj}, \ j \in \Omega_B \tag{6-27} \\
R_j \geqslant P_{Tj} - \lambda \times Q_j, \ j \in \Omega_s \tag{6-28}
\end{cases}
$$

该模型的含义与买方市场合作优化模型相似，因此在此不再赘述各公式的具体含义。

6.1.5 合作收益分配模型

利用以上合作优化模型可以计算出不同联盟下各地区的最优污染物去除量，进而可以优化联盟的污染治理成本和健康损害降低成本。然而，它不能保证每个地区都有最佳的公众健康损害降低标准。因此，构建一个既能使联盟整体成本最小化又能使联盟各区域成本最小化的合作利益分配机制是联盟合作的前提。Shapley 值（Roth and Shapley，1991）是公平分配参与者之间合作利益的稳健方法，是最简单、使用最广泛的一种替代收益分配方法（An et al.，2019；Xue et al.，2020）。我们将以买方市场为例来说明具体的分配问题。

在买方市场合作优化模型中，如果将区域合作治理模型下的综合成本（$RC_i - \Delta E_i + EC_{it} + EDC_i$）定义为 I_{JCS}，非合作治理模型下的成本定义为 I_{NCRS}，则合作收益可以用 $I_{NCRS} - I_{JCS}$ 表示。根据 Shapley 值法的收益分配公式可以表示为：

$$X_i(V) = \sum_{A_i \in A} \frac{[(n-A)!] \times [(|A|-1)!] \times [V(A) - V(A-\{i\})]}{n!}$$

$$(6-29)$$

式（6-29）中，$V(A) = I_{NCRS} - I_{JCS}$ 表示排污权期货交易模型中各地区的合作收益，$X_i(V)$ 表示被分配给地区 i 的收益，它是由 $V(A)$ 进行加权计算得到。在买方市场下，每个卖方地区应首先完成中央政府要求的配额，然后他们可以出售他们的剩余排污权。其排污权的卖出数额以卖方可出售的总排放量与买方需要购买的总排放量的比例为基础。因此，每个卖方地区的污染物去除量可以表示为：

$$R_i = h_i + \left[\sum_{j \in \Omega_B} (h_j - R_j^*) \right] \times (R_i^* - h_i) / \sum_{i \in \Omega_s} (R_i^* - h_i) \qquad (6-30)$$

同样，可以为卖方市场建立合理的合作利益分配模型，以确保其参与区域空气污染联动治理。

6.2 实 证 分 析

6.2.1 区域选择和数据来源

为了进一步证明本章提出的排污权期货交易模型的优越性和稳定性以及

本章的主要思想，本节以京津冀地区的 SO_2 减排为例进行研究。值得一提的是，该模型具有广泛的适用性，它不仅适用于治理多省地区的 SO_2 治理，而且适用于治理区际、企业间的其他污染物治理。需要注意的是，不同区域和污染物对公众造成健康损害的机制和程度是不同的，以及降低成本的方法和计算公式可能会根据实际情况有所差异。

京津冀地区是 2015 年中国污染严重的地区之一，也是国家实施《清洁空气行动计划》的重要地区之一。京津冀地区北面燕山，西靠太行山，东接渤海湾，南邻山东省。从北部、西部和东部流入的污染物很少。只有邻近的山东省可能与该地区交换一些污染物。因此，可以利用 SO_2 的统计数据，而不需要对周边城市的污染物转移进行评估，京津冀区域则可以看作上述的大泡泡。

本节选择的国家对各地区排放指标约束是以国家发展五年规划为准的。数据范围为 2001 ~ 2015 年，共包括"十五"计划、"十一五"计划、"十二五"计划三个五年发展目标。因此，我们的分析是基于中国的实际情况。

为了确定相关成本函数的具体形式，我们分别从《中国城市统计年鉴》《中国环境统计年鉴》《中国环境状况公报》获得 SO_2 的年排放量、年去除量和年去除费用等统计数据。国家规定的污染物排放限额从《重点区域大气污染防治'十二五'规划》中获得。2015 年各地区人口数据（见表 6 – 3）来源于《中国统计年鉴》。按照国家统计标准，我们将人口分为 3 个年龄组：0 ~ 14 岁、15 ~ 64 岁、65 岁及以上。因此，书中 $j \in \{1, 2, 3\} = \{0 ~ 14$ 岁，$15 ~ 64$ 岁，≥ 65 岁$\}$。为了测量由公众健康损害引起的死亡率，书中只考虑了两个健康影响，即心血管疾病死亡率（MCD，$k = 1$）和呼吸系统疾病死亡率（MRD，$k = 2$）。考虑到数据的可用性，我们使用了王等（Wang et al.，2002、2008）的剂量反应系数和基线死亡率（见表 6 – 4）。我们使用 2015 年人民币与美元（US$）的平均汇率，即 1 美元兑人民币 6. 2284 元，来换算成美元。由于难以精确计算环境容量，我们并没有明确计算环境损害成本（Zhao，2014），而是选择参数值从 $\alpha_i = 0.4$，$\beta_i = 0.9$，$\lambda_i = 1.3$ 进行上下浮动。虽然用货币来衡量生命是不人性化的，但在我们的模型中对这一因素进行量化是很有必要的。我们选择了 83600 美元作为单位人群健康损害降低的货币价值。

表 6 - 3　　　　　　　　　　　**2015 年京津冀地区人口统计**　　　　　　　　　单位：万人

年龄组	人口		
	北京	天津	河北
0 ~ 14 岁	219. 1	128. 59	1430. 85
15 ~ 64 岁	1728. 6	751. 37	5310. 46
≥65 岁	222. 8	410. 71	754. 26

资料来源：《中国统计年鉴》。

表 6 - 4　　　　　　　　　　　**三个年龄组的相关参数值**

年龄组	β_{ijk}（%）		h_{3jk}（×10⁻⁵）	
	β_{ij1}	β_{ij2}	h_{3j1}	h_{3j2}
0 ~ 14 岁	18. 82	10. 23	23. 64	3. 04
15 ~ 64 岁	9. 54	10. 23	51. 92	420. 49
≥65 岁	8. 14	4. 66	710. 07	3116. 5

注：$i \in \{1, 2, 3\} = \{$京津冀$\}$。

6.2.2　建立相关函数

在上述统计数据的基础上，用线性回归计算出成本函数中各参数的值，结果如表 6 - 5 和表 6 - 6 所示。

表 6 - 5　　　　　　　　**各地区工业 SO_2 成本去除函数的拟合结果**

省份	$\ln\theta$	φ	μ	R^2	F - test	P
北京	15. 528	- 1. 050	1. 279	0. 962	152. 46	<0. 001
天津	- 8. 528	1. 806	1. 006	0. 972	157. 446	<0. 001
河北	- 6. 092	1. 220	1. 044	0. 996	1407. 956	<0. 001

表 6 - 6　　　　　　　　**公众健康损害降低回归方程的拟合结果**

省份	ρ	σ	R^2	F - test	P
北京	1. 823	29. 664	0. 949	148. 759	<0. 001
天津	20. 470	512. 737	0. 956	65. 752	0. 004
河北	7. 129	1698. 755	0. 920	57. 118	0. 001

因此，各地区 SO_2 的去除函数可表示如下。

北京：$RC_{BJ} = 1.61367 \times R_1^{1.279}$

天津：$RC_{TJ} = 5.5276 \times R_2^{1.006}$

河北：$RC_{HB} = 3.31352 \times R_3^{1.044}$

代入以上拟合结果及其他相关参数，可得 2015 年各地区治理污染而降低的公众健康损害所获得的经济效益如下。

$$
\begin{aligned}
北京：G(R_{BJ}) &= u \times \sum_{j=1}^{3} \sum_{k=1}^{2} P_{1j2015} \times h_{1jk} \times \beta_{1jk} \times (\rho_1 - \delta_1 / R_1) \\
&= 1969004.85 - \frac{32039802}{R_1}
\end{aligned}
$$

$$
\begin{aligned}
天津：G(R_{TJ}) &= u \times \sum_{j=1}^{3} \sum_{k=1}^{2} P_{2j2015} \times h_{2jk} \times \beta_{2jk} \times (\rho_2 - \delta_2 / R_2) \\
&= 20542461.81 - \frac{37405645}{R_2}
\end{aligned}
$$

$$
\begin{aligned}
河北：G(R_{HB}) &= u \times \sum_{j=1}^{3} \sum_{k=1}^{2} P_{3j2015} \times h_{3jk} \times \beta_{3jk} \times (\rho_3 - \delta_3 / R_3) \\
&= 24715169.73 - \frac{5889327838}{R_3}
\end{aligned}
$$

我们假定，该地区的市场利率是相同的。另外，如上所述，交易成本必须适中，否则就不会形成市场。根据我国 SO_2 去除成本的现状，即根据 2012 年 1 月中国排污权期货交易的数据，我们假设 2015 年 1 月的 SO_2 期货交易价格为 585 美元/吨（2012 年 1 月的汇率为：1 美元兑人民币 6.3168 元）。将该值代入期货交易价格计算公式，得到 $S = 584.993 \times \exp[r \times (t - T)]$。2012 年 1 月，我们选择 3 年期存款的基准利率 $r = 5.0\%$。由此产生的 SO_2 期货交易市场价格为 503.508 美元/吨。

6.2.3 计算相关模型结果

将以上函数和参数都带入合作优化模型中，可以得到每个区域的模型如下。

$$
北京:
\begin{cases}
\min F(R_1) = 161.367 \times R_1^{1.279} + 503.508 \times (14.36 - R_1) \\
\qquad \max G(R_1) = 1969004.85 - 32039802 / R_1 \\
\qquad\qquad s.t. \ R_1 \geqslant 11.33 \\
\qquad\qquad\quad R_1 \leqslant 17.64
\end{cases}
$$

$$
天津:
\begin{cases}
\min F(R_2) = 5.5276 \times R_2^{1.006} + 503.508 \times (40.06 - R_2) \\
\qquad \max G(R_2) = 20542461.81 - 37405645 / R_2 \\
\qquad\qquad s.t. \ R_2 \geqslant 26.38 \\
\qquad\qquad\quad R_2 \leqslant 47.01
\end{cases}
$$

$$
河北:
\begin{cases}
\min F(R_3) = 331.352 \times R_3^{1.044} + 503.508 \times (167.47 - R_3) \\
\qquad \max G(R_3) = 24715169.73 - 5889327838 / R_3 \\
\qquad\qquad s.t. \ R_3 \geqslant 148.21 \\
\qquad\qquad\quad R_3 \leqslant 256.32
\end{cases}
$$

上述多目标规划，求解最小化 $F(R_i)$ 和最大化 $G(R_i)$ 的问题可以转化为单目标规划，即求解最小化 $f = F(R_i)/G(R_i)$。计算结果显示，北京、天津和河北的 SO_2 最佳去除量分别为 0.1764（R_1^*）万吨、0.2638（R_2^*）万吨和 2.5632（R_3^*）万吨。由于各地区的排放配额分别为 0.1436（h_1）万吨、0.4006（h_2）万吨和 1.6747（h_3）万吨，因此，市场卖方卖出总额大于买方买入总额，形成买方市场。天津将成为买方，北京和河北省则成为卖方。卖方应进行合作以使总成本最小化，合作优化模型如下：

$$
\begin{cases}
\min \sum_{i \in \Omega_s} F(R_i) = 161.367 \times R_1^{1.279} + 331.352 \times R_3^{1.044} + \\
\qquad\qquad 503.508 \times (181.83 - R_1 - R_3) \\
\max \sum_{i \in \Omega_s} G(R_i) = 54915089.77 - 16136551 / R_1 - 1019288407 / R_2 \\
\qquad\qquad s.t. \ R_1 \geqslant 14.36 \\
\qquad\qquad\quad R_3 \geqslant 167.47 \\
\qquad\qquad\quad R_1 \leqslant 22.05 \\
\qquad\qquad\quad R_3 \leqslant 281.42 \\
\qquad\qquad\quad R_1 + R_3 = 195.51
\end{cases}
\qquad (6-31)
$$

该模型表明，北京和河北的污染物排放量应分别减少 0.14847×10^6 吨和 1.80663×10^6 吨。此外，可以计算出排污权期货交易模型的合作效益。利用 Shapley 值法，可以得到这两个地区之间的合作收益分布，如表 6-7 所示。结果表明，北京和河北都应该从合作中获得 0.109×10^9 美元的收益。

表 6-7   京冀合作利益分配   单位：10^9 美元

合作利益分配过程	北京	{北京，河北}	河北	{河北，北京}
$V(A)$	0	0.218	0	0.218
$V(A/\{i\})$	0	0	0	0
$V(A) - V(A/\{i\})$	0	2.18	0	2.18
$\lvert A \rvert$	1	2	1	2
$W(\lvert A \rvert)$	1/2	1/2	1/2	1/2
$W(\lvert A \rvert) \times [V(A) - V(A/\{i\})]$	0	0.109	0	0.109

6.2.4　比较排污权期货交易模型与非合作区域治理模型的效果

根据排污权期货交易模型的最优解，可以计算出每个区域的去除成本等相关数据。通过对各区域的去除成本函数求导，得到了污染物的边际去除成本。污染物的去除率可以用各地区污染物的最优去除量除以污染物的产生量来计算。表 6-8 总结了非合作的属地管理模式和排污权期货交易模型中各指标的变化。

表 6-8   2015 年京津冀地区污染物去除协同效益比较

模型	主要指标	北京	天津	河北	合计
JCR	污染物去除量（10^6 吨）	0.1436	0.2638	1.8115	2.2189
	污染物去除成本（10^9 美元）：A	0.049	0.141	0.613	0.803
	降低公众健康损害收益（10^9 美元）：B	94.504	102.060	387.140	583.704
	排污权交易成本（10^9 美元）：C	0	0.069	-0.069	0
	综合成本（10^9 美元）：A+B-C	-94.455	-101.85	-386.596	-582.901
	减少死亡人数（10^6 人）	1.1304	1.2208	4.6309	6.9821

续表

模型	主要指标	北京	天津	河北	合计
NCR	污染物去除量（10^6吨）	0.1436	0.4006	1.6747	2.2189
	污染物去除成本（10^9美元）：D	0.049	0.215	0.566	0.830
	降低公众健康损害收益（10^9美元）：E	94.504	103.090	382.550	580.144
	排污权交易成本（10^9美元）：F	0	0	0	0
	综合成本（10^9美元）：D − E + F	− 94.455	− 102.875	− 381.984	− 579.314
	减少死亡人数（10^6人）	1.1304	1.2331	4.5760	6.9395
人数变化（10^6人）		0.0426			
合作收益变化（10^9美元）		3.587			

从表 6 − 8 可以看出，本章所提出的排污权期货交易模型的效果与现有的非合作治理的属地管理模式有很大的不同。在去除同等量污染物的情况下，公众健康损害的经济价值和总成本也有所不同。结果表明，在排污权期货交易模式下，京津冀地区的综合成本为 − 582.901 × 10^9 美元，非合作治理模式下的综合成本为 − 579.314 × 10^9 美元，同时减少了相同数量即 221.89 万吨的 SO_2 排放。这相当于增加了 3.587 × 10^9 美元的效益。因此，排污权期货交易模型可以提供比非合作治理模式下综合效益的提高增加了约 0.62%。在避免死亡人数方面，本章提出的模型降低死亡人数为 6.9821 × 10^6 人，而非合作治理模型降低的死亡人数为 6.9395 × 10^6 人，提高了 42600 人。与非合作治理模式相比，大约提高了 0.61%。因此，排污权期货交易模型在经济效益和人类健康方面的表现都明显好于当前的非合作治理模型。在污染物去除方面，北京和河北虽然减少了 0.1368 × 10^6 吨的排放，但从合作中获得了 0.109 × 10^9 美元的补偿。

另外，我们可以发现，各省份的人口规模、易感人群（64 岁以上和 14 岁以下）大小以及边际去除成本均对污染物去除率有影响。人口规模越大、易感人群越多，去除率就会越大。边际去除成本越小，去除率越大。在研究区域内，天津市总人口最少，易感人群较少，而天津市污染物的边际去除成本最大，因此，天津市的去除率最低。北京的总人口较少，易感人群最少，而北京的污染物边际去除成本最小，所以北京的去除率是最高的。上述关系如图 6 − 2 所示。此外，污染物排放配额的大小对去除率也有很大的影响。配额越高，污染物的去除率越高。

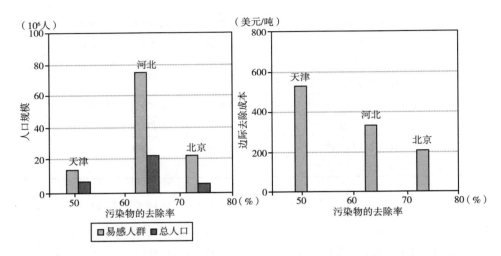

图 6 − 2　污染物的去除率与污染物边际去除成本（或总人口、易感人群）的关系

　　这些变量关系是由于排污权期货交易模型同时考虑了污染物去除成本和公众健康损害而产生。为了使整个区域的总治理成本最小，边际去除成本低的城市会去除更多的污染物。而为了最大限度地减少公众健康损害，满足国家环保要求，边际去除成本高的地区可以少去除一些污染物，并通过排污权期货交易向其余地区购买排污权。因此，污染治理水平较高、边际去除成本较低的地区可以充分发挥其优势，处理更多的污染物，而其他地区则采用排污权期货交易对其少处理污染物的损失进行补偿。因此，它为污染者提供了一个平台，以对冲排污权期货价格的风险，使每个地区最大限度地利用其优势，或通过联动治理下的排污权期货交易来减轻其劣势的影响。相比之下，在目前的非合作治理模式下，无论各区域的边际去除成本有多高，都必须按照中央政府的配额要求，独立完成污染物减排工作。而在排污权期货交易模型中，天津的污染物去除成本很高，但它可以以相对较低的价格从北京和河北购买一些排放权期货，而不是依靠自身高成本去实现减排任务，这样也就减少了天津和整个地区的总成本。当然，上述交易可以在单位排放权期货交易成本不超过买方地区污染物边际去除成本的前提下实现（即使该交易成本可能远远高于整个社会）。否则，这些地区将自行完成配额。

综上所述，本章提出的排污权期货交易模型不仅考虑了空气污染的整体性、空气污染物的流动性、人口规模的差异和降低公众健康危害的目标，还考虑了不同地区污染治理水平和成本的相对优势。另外，排污权期货交易模型的应用为解决严重的空气污染问题提供了新的途径。

6.3　敏感性分析

为了验证模型的优越性和稳定性，本节分析了参数取值对模型计算结果的影响。结果如表 6 - 9 所示。

表 6 - 9　　　　　　　　模型敏感性分析结果

$[\alpha, \beta, \gamma]$		北京			天津			河北			节省	
		RC	$u \times \Delta E$	EC	RC	$u \times \Delta E$	EC	RC	$u \times \Delta E$	EC	RC	ΔE
α	$[0.4, 0.9, 1.3]$	0.49	945.04	0	1.41	1020.6	0.69	6.13	3871.4	-0.69	0.62	0.61
	$[0.3, 0.9, 1.3]$	0.49	945.04	0	1.41	1020.6	0.69	6.13	3871.4	-0.69	0.62	0.61
	$[0.5, 0.9, 1.3]$	0.49	925.68	0.11	1.41	1020.6	0.69	6.2	3877.9	-0.80	0.39	0.40
β	$[0.4, 0.85, 1.3]$	0.49	914.99	0.15	1.41	1020.6	0.69	6.23	3880.7	-0.84	0.26	0.26
	$[0.4, 0.95, 1.3]$	0.49	945.04	0	1.41	1020.6	0.69	6.13	3871.4	-0.69	0.62	0.61
λ	$[0.4, 0.9, 1.2]$	0.49	945.04	0	1.53	1022.9	0.58	6.06	3864.8	-0.58	0.54	0.54
	$[0.4, 0.9, 1.4]$	0.49	945.04	0	1.30	1018.1	0.79	6.20	3877.8	-0.79	0.68	0.69

α 表示该地区污染物去除率的最低水平，数值越大表示去除水平越高。然而，当 α 小于 0.4 时，各地区的最优去除率均大于 0.4，模型不受影响。当 α 增加到 0.5 时，北京的污染物最优去除量、去除成本和公众健康损害降低均有所减少，而河北的各项指标则相应增加。在整个区域，当 α 增加到 0.5 时，健康收益和成本节约均有所下降，所节约的污染物去除成本从 0.62% 降低到 0.39%，降低的死亡人数也从 0.61% 下降到 0.40%。

β 表示污染物去除的最大能力水平，该值的下降表示去除污染物的能力降低，其也是优化模型中最优解的上限。当 β 从 0.9 降低到 0.85 时，北京的最优去除量、污染物去除成本和公众健康损害均有所减少，而河北的各项指标则出现了相反的变化。整个区域节约的去除成本从 0.62% 下降到 0.26%，而所降低的死亡数量也从 0.61% 下降到 0.26%。然而，当 β 增加时，几乎没有改变每个地区的指标，可能是因为每个省的去除能力接近这种能力的极限。

λ 表示每个区域的污染承载负荷能力，该数值越大表明潜在污染物负荷能力越大，污染物去除压力越小。当 λ 从 1.3 降低到 1.2，北京没有明显变化，天津的去除成本和降低的公众健康损害却有所增加，而河北的各项指标则出现了相反的变化。从整体区域来看，节约的去除成本从 0.62% 下降到 0.54%，所降低的死亡人数从 0.61% 下降到 0.54%。然而，当 λ 从 1.3 增加到 1.4 时，天津的污染物去除量减少，去除成本和降低的公众健康损害有所降低。河北的各项指标则出现相反的变化。整个区域的去除成本节约从 0.62% 提高到 0.68%，健康收益从 0.61% 提高到 0.69%。

简而言之，本章的排污权期货交易模型在科学上是可信的，其结果合理且稳健，仅对关键参数值的变化较为敏感。对于我们所检验的参数值变化，仍然导致了大量的成本削减和收益增加。

6.4　小　结

本章的排污权期货交易模型从排污权期货交易和公众健康损害的角度考虑了区域大气污染的治理。在排污权期货交易模型中应用期货交易方式进行排污权交易，不仅为空气污染治理提供了新的思路，而且有助于优化环境和社会资源的配置，也可以作为激活排污权期货交易市场、转移价格波动风险、分散和降低排污权期货风险的理论依据。此外，本章研究的结果可以鼓励各地区使用排污权期货交易模型，以发挥各地区污染治理水平和成本的相对优势，使治理水平较高的地区在实现其污染治理目标的同时受益于排污权期货交易。此外，本模型也可以为污染治理水平相对落后地区解决污染治理问题提供一个方向，即向其他治理成本低的地区购买排污权期货。其结果是，它可以促进所有地区参与空气污染的联动治理。最后，利用基于市场的期货交易手段来获得排放权，可以作为分散和降低污染治理投资风险的数学依据。

因此，将鼓励各地区在污染治理上投入更多的资金，以达到规模效应，提高相关地区和整个社会的污染治理能力。该模型也量化了降低公众健康危害的收益。因此，它可以被认为是一个理论框架，是对环境政策的进一步建议，弥补了现有评估制度的缺陷。

本模型在根据各地实际情况作适当修改后，也可以适用于其他地方。为了在实践中应用该模型，政府将有必要制定措施来支持该模型的实施。例如，加强对区域污染物排放总量的监测，实施全国大气污染排放权交易市场等。

第7章 基于公众健康视角下的区域大气污染联动治理路径及对策

7.1 研究结论与展望

本书基于公众健康视角下，以区域大气污染联动治理为研究对象，对区域大气污染现状、致因及污染特征、区域大气污染联动治理范围及等级、基于公众健康视角下的区域大气污染联动治理激励方案、基于期货交易模式下的考虑公共健康的区域污染联动激励方案四个方面展开研究，并以京津冀区域及周边省份为典型示范案例，通过理论分析和实证研究，提出基于公众健康视角下的我国区域大气污染联动治理的路径及对策。本书的研究结论如下所述。

（1）区域大气污染现状与致因分析，并构建 O-U 模型对区域空气质量进行模拟和预测。

区域大气污染现状调查与污染特征分析是大气污染治理的起点和基础。大气污染现状包括主要污染物的污染现状和主要污染源现状。本书通过《中国环境统计年鉴》、环境监测网站、卫星云图以及课题组实地监测，获取北京市、天津市、河北省、河南省、山东省、山西省部分区域的 SO_2、NO_2、$PM_{2.5}$、PM_{10}、O_3、CO 六种污染因子的浓度数据。本书研究发现，污染因子存在年度、季度、月度、一周、24 小时、每天四时段的变化规律，且城市内源过量排放污染是造成区域内污染排放过量的决定性因素，而外源输入是区域雾霾暴发的重要因素。此外，本书还运用 O-U 模型对 4 个代表性城市（北京、郑州、太原、济南）的大气污染变动趋势进行预测分析，本书预测的 AQI 的整体区间较为合理，具体每日的预测值在区间 [10，30] 的误差范围内波动。

（2）区域大气污染联动范围及等级划分。

区域大气污染联动治理的一个关键因素，依据区域内每个城市的污染物分布规律，合理分类，划分城市协同治理范围及等级。以污染物的日均浓度为分析数据，选取泛京津冀地区的北京、天津、石家庄、唐山、秦皇岛、衡水、邯郸、邢台、保定、张家口、承德、沧州等 37 个城市为研究对象，总结区域内城市的主要污染物在考察时间段内的变化情况。然后通过针对 $PM_{2.5}$ 和 O_3 两种污染物日均浓度在区域内的相关性进行分析，总结出两种污染物的强相关性分布规律，挖掘出针对两种污染物展开多城市联防联控的协同范围、协同等级及联防联控难度，为开展区域内多城市空气污染联防联控提供科学的决策依据。

（3）构建了基于公众健康视角下的区域大气污染联动治理模型。

在国家出台一系列严厉的大气污染治理政策背景下，本着找到一种有效均衡大气污染治理与其对公众健康负外部性影响的区域大气污染治理激励机制的目的，本书构建了基于降低健康损害死亡人数和大气污染治理去除成本为目标的区域大气污染合作治理模型，并以京津冀区域 2015 年的 SO_2 治理为例进行实证分析。研究结果表明，无论是在降低健康损害死亡人数方面还是在污染去除成本节约方面，本书提出的合作治理模型都明显优于属地治理模型。与现行的属地治理模式相比，双目标优化模型下，区域内降低的健康损害死亡人数增加了 1839.50 人，约为属地治理模式的 7.5%；节约了污染去除成本 257.37 万元，约为属地模式的 16.47%；大气污染的综合治理成本节约了 234.45 万元，约为属地治理模式的 6.59%。表明无论是在就业增加方面还是在污染治理成本节约方面，本书提出的合作治理模型都明显优于属地治理模型。

（4）构建了基于期货交易的公众健康视角下区域大气污染联动治理模型。

本书构建的排污权期货交易模型从排污权期货交易和公众健康损害的角度考虑了区域大气污染的治理。在排污权期货交易模型中应用期货交易方式进行排污权交易，不仅为空气污染治理提供了新的思路，而且有助于优化环境和社会资源的配置，也可以作为激活排污权期货交易市场、转移价格波动风险、分散和降低排污权期货风险的理论依据。此外，本书研究的结果可以鼓励各地区使用排污权期货交易模型，以发挥各地区污染治理水平和成本的相对优势，使治理水平较高的地区在实现其污染治理目标的同时受益于排污权期货交易。再者，本模型也可以为污染治理水平相对落后地区解决污染治理问题提供一个方向，即向其他治理成本低的地区购买排污权期货。其结果是，它可以促进所有地区参与空气污染的联动治理。最后，利用基于市场的期货交易手段来获得排放权，可以作为分散和降低污染治理投资风险的数学依据。因此，将鼓励各地区在污染治理上投入更多资金，以达到规模效应，提高相关地区和整个社会的污染治理能力。该模型也量化了降低公众健康危害的收益。因此，它可以被认为是一个理论框架，是对环境政策的进一步建议，弥补了现有评估制度的缺陷。

通过对本书主要研究工作的归纳总结，本书认为在该研究领域还存在以下三个问题需要进一步研究。

（1）本书研究了区域大气污染联动治理的几种模型，而省市级各种污染物的日均浓度值是各种模型的基础，但存在《中国环境统计年鉴》中各省市大气污染历史统计数据样本较少，部分数据存在滞后性，以及课题组实地监测的数据样本精确度不足等问题。若未来研究能够增加样本量，或获得季度、月度等更精细的数据，增加拟合的样本量，在此基础上拟合得到的污染物的去除成本函数精度将会非常高，模型的优化结果将更准确，能更好地提供决策服务。

（2）联动等级的构建指标体系需进一步增加指标。本书构建了协同治理子区域大气污染程度、平均人口密度、子区域对区域整体污染影响程度和污染治理弹性四个等级评价指标，未来研究需增加指标，构建更加科学合理的等级评价指标体系。

（3）区域大气污染合作治理模型还可推广到其他污染物的治理研究中，而在目前的研究中，该模型仅考虑了一种污染物的处理。在未来的研究中，我们致力于将模型扩展到同时考虑多种污染物的治理以及这些目标之间的相互作用，这将是未来研究的一个挑战。尽管如此，这种合作治理方法对于解决当前全球大气污染问题提供了重要的参考，甚至该方法可能也适用于缓解气候变化的研究。

7.2 治理路径及对策

日前，日益严峻、复杂的大气污染问题给我国的经济发展和民众的健康状况带来了巨大的影响，仅仅依靠传统的污染治理手段、治理途径已经难以防范愈发严重的大气污染风险，在市场中急需一种工具来联动治理大气污染。结合当前的金融热点与未来的发展趋势，设计涵盖公众健康的大气污染治理的金融衍生产品，是未来我国大气污染联动治理的有力变革方向。鉴于此，通过考虑我国区域大气污染联动治理提出合理的对策建议，并对管理体制、机制、组织、技术、标准、监测体系及法律法规等方面进行全面创新，以适应新的管理模式。

（1）全面推进以公众健康提升为目标的区域大气污染联动治理新机制。

建立以公众健康提升为核心的控制、评估及考核体系。根据总量控制、质量改善、健康提升之间的响应关系，构建基于健康提升的区域总量控制关系体系，实施对 SO_2、NO_x、PM、VOC 等多种污染物的协同控制与均衡控制，从而有效解决当前大气污染所引起的公众健康问题。从重点区域、重点行业、重点污染物和重点疾病等方面抓起，以点带面、集中整治，着力解决突出的大气污染问题，从而达到有效提升公众健康水平的目的。《重点区域大气污染防治"十二五"规划》对重点区域内各地区都设有明确的总量控制和浓度控制目标，但是，常出现区域内各地区都宣称本地减排达标或超标完成任务，而公众感知的环境空气质量却未发生明显改善的怪现象。究其原因，仅仅在以改善区域空气质量为目标的治理模式中，区域内各地区仅从污染物排放量或污染物浓度的角度出发进行减排治理，忽视了提升公众健康水平的重要性。各地区的经济发展水平、产业结构、能源结构等各不相同，导致各地区大气污染排放总量、污染物成分各不相同，因此，大气污染引发的疾病种类和死亡率也各不相同。建立以区域公众健康提升为目标的区域大气污染联动治理新机制，不仅能够考核区域内各地区的空气质量是否达标，还能考核整个区域的公众健康水平是否显著提升，从整个区域的角度统筹协调，针对各地区由大气污染引起的疾病的类型、特点，可分别采取针对性的应对之策。

（2）基于公众健康视角建立科学合理的大气环境区域生态补偿管理体系。

如果我国各省份全面推进区域大气污染联动治理，那么该地区的经济、财政、就业情况等将会不可避免地受到影响，且根据区域的不同受到的影响存在差异，尤其对于经济相对落后的省份来说，其污染程度、落后产能的占比本来就很高，受到的影响程度也必然较为猛烈。因此，在推进区域大气污染联动治理的过程中，不能一味地强调行政手段、政治压力，必须建立合适的经济激励机制，在区域内各地区间开展生态补偿，使各地区开展大气污染联动治理后，不仅环境和民生得到改善，而且促进各地区的产业结构升级、能源结构调整，同时在经济上也有所受益，最终通过污染联动治理达到促进区域经济联动发展的目的。建立区域生态补偿激励机制的手段很多，如通过行政手段对积极治污地区进行财政补贴、对污染治理不力地区进行罚款；采用税收（收费）手段对污染治理不力地区征收税费，补偿给其他积极治污或受跨界污染影响严重的地区；采用排污权交易手段鼓励区域内各地区开展污染治理指标的市场化交易，达到生态补偿的目的。目前，虽然我国一些地区已经开展了一些有益的尝试，但基于绿色金融视角的生态补偿体系还没有建立，只是依靠行政命令手段推进大气污染的联动治理。因此，我国基于公众健康视角构建一个从上到下的全面覆盖各级政府的生态环境区域补偿体系将是一次大胆的创新，在省级政府之间建立生态环境区域补偿体系是推进我国大气污染联动治理的关键。

（3）加强绿色金融政策的普及与落实，完善交易市场制度，深度结合产业结构推进绿色金融工具的实施。

在相关的银行及非银行金融机构不断进行政策普及，鼓励相关机构出台应对制度及措施。加大对社会经济资源的正确引导，使得绿色金融手段可以更好地服务于环境保护工作，使得绿色金融产品的设计更具实践意义。此外，应该不断推动相关资本市场的发展，加强对金融衍生品市场基础制度的进一步落实及制度创新。不断加强完善各金融机构内部的风险管理体制，改变陈旧传统的观念，拓宽金融市场防范风险的覆盖范围，加大金融衍生品市场发展在横向广度和纵向深度的延伸。依据污染的等级制定分类管理制度，适时推进相关管理制度的实施。积极借鉴国际上发展衍生品市场的成果经验，加快推进金融市场相关制度体系的完善，进而形成与国际市场的接轨，加强政府参与相关机构绿色金融手段的完善。

各地区的经济发展程度不同，产业结构也不同，导致各地区的大气污染排放总量、污染物成分存在差异，同时各地区因资金支持、治污技术条件不同而使治污治理能力存在较大差异，环境压力也各不相同。区域大气污染的优化控制应从行业入手，充分发挥行业技术人员对本行业污染治理技术的专业优势，以行业层面的能源技术数据库、清洁生产和末端治理技术数据库作为主要的设计基础，根据本地社会经济发展需求和治污技术条件确定各行业不同污染物减排成本最低的措施，这将有利于支持决策者所制定政策的有效实施。同时，从重点行业抓起，重点整治，力争解决重污染行业的环境污染问题，为全国大气污染防治工作积累重要经验。

（4）拓宽人才引进范围，加大对交叉学科人才的培养力度。

衍生品的研发需要研究人员拥有较强的数学功底与专业的金融知识，最好具备一定的交叉学科背景。因此，我国的相关部门应该鼓励建立绿色金融衍生产品重点实验室，提供有力的资金支持与师资力量，在全国重点财经院校招纳专业基础扎实、热衷科研事业的学生与研究人员，并积极培养。鉴于国外衍生品市场发展已经处于成熟阶段，并且有许多已经成功落地的案例，故应支持相关业务能力突出的研究人员出国交流学习，开阔视野，积极借鉴欧美国家研发、实施衍生品的成功经验，从而提高国内污染类衍生品市场研发团队的科研实力，并结合我国的具体情况，适时开发、建立适合我国金融市场的大气污染的工具。

（5）建立权威高效的区域大气污染联动治理的管理架构。

欧美等发达国家和地区在区域大气污染联动治理方面的成功经验值得借鉴。美国为治理西海岸洛杉矶城市群严重的光化学污染问题和美国东部地区的近地面 O_3 污染，专门成立了南海岸空气质量管理区（South Coast Air-Quality

Management District，SCAQMD）和 O_3 传输委员会（Ozone Transport Commission，OTC），其中，SCAQMD 的治理面积约为 27850 平方千米，涉及 4 个县区、162 个城市，OTC 管理 O_3 污染严重的缅因、弗吉尼亚等 22 州与哥伦比亚区（薛俭、赵来军，2017）。国外发达国家和地区的成功经验表明，设立权威高效的区域管理架构对深化开展区域大气污染联动治理尤为重要。我国大气污染联动治理的关系网络复杂，既包括区域内各省级行政区，也涉及多个行业的相关部门，地区与部门之间存在纵横交错的交叉网络关系，使得区域协作治污的难度增加，难以形成治污合力。要想有效实施区域大气污染联动治理机制，必须由组织机构负责区域大气污染治理的计划、实施、考核和协调等一系列工作。我国应该成立领导小组，由主管的省级领导担任组长，并按期召开年度工作会议，建立健全目标责任制，评估考核制和责任追究制，加强监测体系建设，定期公告，接受社会舆论和公众监督，杜绝存在有方案、没措施，有部署、没落实，有考核、没问责等流于形式的问题出现，确保我国大气污染联动治理的有效实施。

（6）建立区域大气污染与公众健康的预警应急机制。

有必要将大气污染情况与公众健康水平两者之间紧密挂钩，建立区域大气污染与公众健康的预警应急机制。拟采用的实施办法为：首先，需要构建包含大气污染、公众健康的相关数据库，并由专业人员对数据库的信息进行维护，从而确保污染统计和病例确诊数据的时效性、真实性、全面性和一致性；其次，需要由专家或学者对所得污染数据与健康数据进行系统性研究，制定并推出一套行之有效的污染防治预警应急机制。其中，科学、准确、全面的污染数据是确定各地区大气污染联动治理生态补偿标准和补偿数额的关键。因此，只有掌握各地区科学、准确、全面的数据，才能加强极端不利气象条件下大气污染预警体系建设，加强区域大气环境质量的预报质量，实现风险信息研判和预警，降低公众健康风险，最终确保各项应急管理措施起到实效。

（7）构建覆盖全区域的空气质量自动监测网络体系。

要推进大气环境区域生态补偿机制的实施，首先必须提高对跨界污染物的监测力度及精确度。在监测力度方面，政府应该在空气质量监测的实施方面进行不断的完善，强化政治监督，重点防范和打击环境监测数据弄虚作假的行为，相关部门应明确各自的职责范围。在空气质量监测设施方面，不断更新技术设备，加强对监测设备的技术研发。善于运用数字化时代的最新技术实现监测过程的全控制，加强对异常值的监测记录，不断提高监测结果的准确性和精确度。此外，在进行大气污染相关数据统计时，要扩展指标的统计范围。同时，要保证统计数据口径的统一性，全国不同省区的统计标准应当一致。构建覆盖全区域的空气质量自动监测网络体系已成为开展区域生态环境区域补偿的主要难点之一。因此，为解决污染物跨界传输量科学计量问题，除了加大跨界空气质量自动监测网络建设，还应结合气象卫星的空中监测和污染物扩散模型的科学计算等多种手段，科学准确地掌握各种污染物的跨界污染规律，精确评估各地区各污染物在各时间段的跨界传输量，为绿色金融衍生产品的数据提供更为合理的样本数据，推进经济社会的可持续发展。

（8）制定区域统一的污染物排放和产业准入标准以及执法标准。

无论机动车（船舶）排放、油品等级，还是产业准入、煤炭消费减量替代、建筑工地扬尘、作业机械污染排放等，区域内应统一标准，并由区域督查中心联合执法、统一执法、严格执法，防止高污染车辆（船舶）、高污染设备、高污染产业、高污染燃料在区域内各地区之间转移，尤其应防止向欠发达地区、城乡接合部、农村地区转移。对区域内所有新建项目的关、停、并、转项目也必须统一排放标准，不给高污染项目可乘之机。

（9）加快健全区域大气污染联动治理的法律保障体系。

促进区域大气污染联动治理必须依靠完备的法律保障体系。美国、欧盟等发达国家和地区都建立了比较完备的跨行政区大气污染合作治理法律保障体系。美国的区域大气污染联动控制机制是在适用全国的法律框架《清洁大气法》下运行的。欧盟也通过颁布一系列大气保护法律法规和制定排放标准来推进大气污染联动治理工作，如《关于环境空气质量评价与管理指令 96/62/EC》。有关区域大气污染联动治理的法律法规体系建设有一个循序渐进、逐步完善的过程，我国现有的法律法规只提出了战略方向、原则和要求，但在操作层面无明确规范，缺乏具体的指引措施，缺少针对特定区域或地区的法律法规，导致区域的大气污染联动治理推进缓慢、收效甚微。对于重点区域来说，推进区域大气污染联动治理战略实施相关的法律法规体系还有很大的完善空间，如关于区域大气污染联动治理机构的"责权利"的明确规定，尤其缺乏指导跨省级行政区生态环境补偿的相关法律法规，应尽快出台《重点区域环境区域生态补偿办法》等法律法规以及《重点区域跨省界大气环境协调管理办法》等配套政策法规，对区域内的空气质量目标、减排总量的初始配额、补偿原则、补偿标准、补偿方式、补偿办法、法律责任等，从法律层面做出具体的规定，以立法的形式规范区域内的生态环境补偿行为。建立健全区域大气污染联动治理的法律保障体系，有望增强大气污染联动治理实践的法律保障和推动力，进而使我国区域大气污染联动治理深入、持久、高效推进。

参 考 文 献

[1] 蔡邦成，陆根发，马妍．生态建设补偿模式探析［C］．中国环境科学学会，2007年生态建设补偿机制与政策设计高级研讨交流会．

[2] 曹东，宋存义，王金南，蒋洪强，李万新，曹国志．污染物联合削减费用函数的建立及实证分析［J］．环境科学研究，2009，22（3）．

[3] 柴发合，云雅如，王淑兰．关于我国落实区域大气联防联控机制的深度思考［J］．环境与可持续发展，2013，38（4）．

[4] 陈诗一，武英涛．环保税制改革与雾霾协同治理——基于治理边际成本的视角［J］．学术月刊，2018，50（10）．

[5] 程钰，刘婷婷，赵云璐，王亚平．京津冀及周边地区"2+26"城市空气质量时空演变与经济社会驱动机理［J］．经济地理，2019，39（10）．

[6] 程钰，任建兰，崔昊，唐桂敏．基于熵权TOPSIS法和三维结构下的区域发展模式——以山东省为例［J］．经济地理，2012，32（6）．

[7] 丁峰，张阳，李鱼．京津冀大气污染现状及防治方向探讨［J］．环境保护，2014，42（21）．

[8] 葛江涛．北京大气污染溯源，联防联控迫在眉睫［N］．瞭望东方周刊，2012-1-16．

[9] 龚新蜀，李津津．丝绸之路经济带核心区战略性新兴产业选择与评价——基于TOPSIS的灰色关联模型［J］．科技管理研究，2016，36（21）．

[10] 关罡，李伟伟，韩海坤．基于熵权TOPSIS法的城镇污水治理绩效评价［J］．人民长江，2019，50（6）．

[11] 国家下达"十二五"各地区二氧化硫排放总量控制计划［J］．节能与环保，2012（4）．

［12］胡东滨，段艳芳. 基于污染损失责任分摊的流域水污染补偿额度测算——以湘江流域长株潭段为例［J］. 干旱区资源与环境，2018，32（10）.

［13］胡一凡. 京津冀大气污染协同治理困境与消解——关系网络、行动策略、治理结构［J］. 大连理工大学学报（社会科学版），2020，41（2）.

［14］胡志高，李光勤，曹建华. 环境规制视角下的区域大气污染联合治理——分区方案设计、协同状态评价及影响因素分析［J］. 中国工业经济，2019（5）.

［15］胡宗义，杨振寰. "联防联控" 政策下空气污染治理的效应研究［J］. 工业技术经济，2019，38（7）.

［16］蒋硕亮，潘玉志. 大气污染联合防治机制效率完善对策研究［J］. 华东经济管理，2019，33（12）.

［17］姜晓晖. 城市蔓延和财政分权对二氧化硫排放的影响——基于2007~2017 年广东省 21 个地级以上市面板数据的实证分析［J］. 公共行政评论，2019，12（5）.

［18］康京涛. 论区域大气污染联防联控的法律机制［J］. 宁夏社会科学，2016（2）.

［19］李斌，李拓. 中国空气污染库兹涅茨曲线的实证研究——基于动态面板系统 GMM 与门限模型检验［J］. 经济问题，2014（4）.

［20］李明，张亦然. 空气污染的移民效应——基于来华留学生高校—城市选择的研究［J］. 经济研究，2019，54（6）.

［21］李树，陈刚. 环境管制与生产率增长——以 APPCL2000 的修订为例［J］. 经济研究，2013，48（1）.

［22］李卫兵，张凯霞. 空气污染对企业生产率的影响——来自中国工业企业的证据［J］. 管理世界，2019，35（10）.

［23］李昕. 从城市群发展谈区域污染协同防治——以京津冀为例［J］. 环境保护，2020，48（5）.

［24］李玉平，张璐璇，朱琛，成淑敏，王艳超，李亚翠. 资源型城市大气污染物浓度的 EKC 特征分析——以邢台市为例［J］. 生态经济，2017，33（6）.

［25］李云燕，王立华，马靖宇，葛畅，殷晨曦．京津冀地区大气污染联防联控协同机制研究［J］．环境保护，2017，45（17）．

［26］林娜．四川省大气污染物输送规律及大气污染联防联控技术研究［D］．成都：西南交通大学，2015．

［27］刘金科，卢艳，邓鑫铭．跨区域大气污染的财税治理：国际经验与中国路径［J］．税务研究，2019（7）．

［28］刘启君，黄旻，宋艺欣，董理．基于灰色关联 TOPSIS 模型的武汉市环境承载力评价及障碍因子诊断［J］．生态经济，2016，32（5）．

［29］刘跃伟．矽尘长期暴露人群死亡率的队列研究［D］．武汉：华中科技大学，2011．

［30］陆虹．中国环境问题与经济发展的关系分析——以大气污染为例［J］．财经研究，2000（10）．

［31］罗勇根，杨金玉，陈世强．空气污染、人力资本流动与创新活力——基于个体专利发明的经验证据［J］．中国工业经济，2019（10）．

［32］马静，周创文，Gwilym Pryce．环境公正视角下空气污染和死亡人数的空间分析及关系研究——以河北省为例［J］．人文地理，2019，34（6）．

［33］马宇骁．加权灰色关联分析法在空气污染评价中的应用［J］．我国战略新兴产业，2018（16）．

［34］美国健康效应研究所发布．2019 全球空气状况［R］.2019.

［35］孟雅丽，苏志珠，马杰，钞锦龙，马义娟．基于生态系统服务价值的汾河流域生态补偿研究［J］．干旱区资源与环境，2017，31（8）．

［36］宁淼，孙亚梅，杨金田．国内外区域大气污染联防联控管理模式分析［J］．环境与可持续发展，2012（5）．

［37］宁自军，隗斌贤，刘晓红．长三角雾霾污染的时空演变及影响因素——兼论多方主体利益诉求下地方政府雾霾治理行为选择［J］．治理研究，2020，36（1）．

［38］潘晓滨．跨区域大气污染治理的法律路径——基于美国 RGGI 模式的思考［J］．法学论坛，2018，33（4）．

［39］秦聪．基于改进灰色关联分析法的汾河水质评价［J］．水利水电快

报，2019，40（5）.

[40] 秦娟娟，王静，程建光. 2008 年青岛市一次典型大气外来源输送污染过程分析 [J]. 气象与环境学报，2010，26（6）.

[41] 邱宇，陈英姿，饶清华，林秀珠，陈文花. 基于排污权的闽江流域跨界生态补偿研究 [J]. 长江流域资源与环境，2018，27（12）.

[42] 史哲齐. 基于 TOPSIS—层次分析法石油化工企业环境风险评价研究 [D]. 天津：天津工业大学，2019.

[43] 宋弘，孙雅洁，陈登科. 政府空气污染治理效应评估——来自中国"低碳城市"建设的经验研究 [J]. 管理世界，2019，35（6）.

[44] 苏建云，黄耀裔，李子蓉. 基于因子分析的 TOPSIS 法改进对浅层地下水综合评价 [J]. 节水灌溉，2016（1）.

[45] 孙传旺，罗源，姚昕. 交通基础设施与城市空气污染——来自中国的经验证据 [J]. 经济研究，2019，54（8）.

[46] 孙蕾，孙绍荣. 基于模糊博弈行为的京津冀跨域大气污染联合治理机制研究 [J]. 运筹与管理，2017，26（7）.

[47] 孙猛，芦晓珊. 空气污染、社会经济地位与居民健康不平等——基于 CGSS 的微观证据 [J]. 人口学刊，2019，41（6）.

[48] 孙伟增，张晓楠，郑思齐. 空气污染与劳动力的空间流动——基于流动人口就业选址行为的研究 [J]. 经济研究，2019，54（11）.

[49] 唐湘博，陈晓红. 区域大气污染协同减排补偿机制研究 [J]. 中国人口·资源与环境，2017，27（9）.

[50] 王灿发. 论我国环境管理体制立法存在的问题及其完善途径 [J]. 政法论坛，2003（4）.

[51] 王夫冬，周梅华. 基于价格规制和第三方物流参与的三级供应链协调机制研究 [J]. 统计与决策，2018，34（6）.

[52] 王刚，陈伟，曹秋红. 基于 Entropy-Topsis 的林业产业竞争力测度 [J]. 统计与决策，2019，35（18）.

[53] 王红梅，谢永乐，孙静. 不同情境下京津冀大气污染治理的"行动"博弈与协同因素研究 [J]. 中国人口·资源与环境，2019，29（8）.

［54］王金南，董战峰，杨金田，李云生，严刚．排污交易制度的最新实践与展望［J］．环境经济，2008（10）．

［55］王金南，宁淼，孙亚梅．区域大气污染联防联控的理论与方法分析［J］．环境与可持续发展，2012，37（5）．

［56］王乐．郝吉明：蓝天离我们究竟有多远［N］．文汇报，2013 - 1 - 29．

［57］王敏，黄滢．中国的环境污染与经济增长［J］．经济学（季刊），2015，14（2）．

［58］王恰，郑世林．"2 + 26"城市联合防治行动对京津冀地区大气污染物浓度的影响［J］．中国人口·资源与环境，2019，29（9）．

［59］王西琴，高佳，马淑芹，刘子刚．流域生态补偿分担模式研究——以九洲江流域为例［J］．资源科学，2020，42（2）．

［60］王艳，柴发合，王永红，刘敏．长江三角洲地区大气污染物输送规律研究［J］．环境科学，2008（5）．

［61］王叶晴，段小丽，李天昕，黄楠，王琳，王贝贝，王菲菲．空气污染健康风险评价中暴露参数的研究进展［J］．环境与健康杂志，2012（2）．

［62］王雨蓉，陈利根，陈歆，龙开胜．制度分析与发展框架下流域生态补偿的应用规则：基于新安江的实践［J］．中国人口·资源与环境，2020，30（1）．

［63］魏娜，孟庆国．大气污染跨域协同治理的机制考察与制度逻辑——基于京津冀的协同实践［J］．中国软科学，2018（10）．

［64］魏娜，赵成根．跨区域大气污染协同治理研究——以京津冀地区为例［J］．河北学刊，2016，36（1）．

［65］伍骏骞，王海军，储德平，聂飞．雾霾污染对商业健康保险发展的影响［J］．中国人口·资源与环境，2019，29（8）．

［66］吴先明，蔡海滨，邓鹏．基于灰色关联度的改进 TOPSIS 模型在水质评价中的应用［J］．三峡大学学报（自然科学版），2018，40（2）．

［67］谢伟．珠三角区域大气污染联防联控立法介评［J］．经济研究导刊，2016（3）．

[68] 许辉云. 基于变异系数权重—灰色关联—TOPSIS 法的中东部八省旅游产业竞争力研究 [J]. 伊犁师范学院学报（自然科学版），2018，12（4）.

[69] 薛俭，陈强强. 京津冀大气污染联防联控区域细分与等级评价 [J]. 环境污染与防治，2020，42（10）.

[70] 薛俭，吉小琴，朱清叶. 环境规制、FDI 对我国区域经济增长的影响——基于"两控区"政策的实证分析 [J]. 生态经济，2019，35（3）.

[71] 薛俭，徐艳. 基于 O-U 模型的 AQI 模拟及预测 [J]. 生态经济，2019，35（4）.

[72] 薛俭，赵来军. 中国大气污染联防联控管理机制研究 [M]. 北京：科学出版社，2017.

[73] 薛俭，朱迪. 绿色信贷政策能否改善上市公司的负债融资？[J]. 经济经纬，2021，38（1）.

[74] 薛俭，朱迪，赵来军. 基于省际贸易视角的环境治理隐含成本研究 [J]. 中国管理科学，2020，28（10）.

[75] 徐松鹤，韩传峰. 基于微分博弈的流域生态补偿机制研究 [J]. 中国管理科学，2019，27（8）.

[76] 杨金田. 区域大气污染联防联控重点何在 [N]. 我国环境报，2011 - 05 - 25.

[77] 尹珊珊. 区域大气污染地方政府联合防治的激励性法律规制 [J]. 环境保护，2020，48（5）.

[78] 曾贤刚，刘纪新，段存儒，崔鹏，董战峰. 基于生态系统服务的市场化生态补偿机制研究——以五马河流域为例 [J]. 中国环境科学，2018，38（12）.

[79] 张爱美，董雅静，吴卫红，李文瑜. 基于复合权重—TOPSIS 法的我国化工企业环境绩效评价研究 [J]. 科技管理研究，2014，34（18）.

[80] 张航. 治污"国十条"出台，京津冀大气治污将联防联控 [N]. 北京晚报，2013 - 6 - 17.

[81] 张惠娥，马敏泉，汪新. 2001～2015 年兰州市主城区环境空气质量变化的模糊评价 [J]. 干旱区资源与环境，2017，31（12）.

[82] 张海涛, 李泽中, 刘嫣, 李题印. 基于组合赋权灰色关联 TOPSIS 的商务网络信息生态链价值流动综合评价研究 [J]. 情报科学, 2019, 37 (12).

[83] 张向敏, 罗燊, 李星明, 李卓凡, 樊勇, 孙健武. 中国空气质量时空变化特征 [J]. 地理科学, 2020, 40 (2).

[84] 张淼, 覃亚伟, 刘佳静. 基于 TOPSIS 与灰色关联分析的区域建筑业可持续发展评价 [J]. 土木工程与管理学报, 2018, 35 (4).

[85] 张义, 王爱君. 空气污染健康损害、劳动力流动与经济增长 [J]. 山西财经大学学报, 2020, 42 (3).

[86] 张义, 王爱君, 黄寰. 权力协同对中国雾霾防治的影响研究 [J]. 经济与管理研究, 2019, 40 (12).

[87] 张志明, 耿景珠, 黄微. 亚太价值链嵌入如何影响中国的空气污染 [J]. 国际贸易问题, 2020 (2).

[88] 赵立祥, 赵蓉. 经济增长、能源强度与大气污染的关系研究 [J]. 软科学, 2019, 33 (6).

[89] 赵文霞. 空气污染对中老年人医疗支出的影响——来自 CHARLS 数据的证据 [J]. 人口与经济, 2020 (1).

[90] 赵新峰, 袁宗威. 京津冀区域大气污染协同治理的困境及路径选择 [J]. 城市发展研究, 2019, 26 (5).

[91] 赵志华, 吴建南. 大气污染协同治理能促进污染物减排吗?——基于城市的三重差分研究 [J]. 管理评论, 2020, 32 (1).

[92] 郑易生, 阎林, 钱薏红. 90 年代中期中国环境污染经济损失估算 [J]. 管理世界, 1999 (2).

[93] 周玉民, 王辰, 姚婉贞, 陈萍, 康健, 黄绍光, 陈宝元, 王长征, 倪殿涛, 王小平, 王大礼, 刘升明, 吕嘉春, 郑劲平, 钟南山, 冉丕鑫. 职业接触粉尘和烟雾对慢性阻塞性肺疾病及呼吸道症状的影响 [J]. 中国呼吸与危重监护杂志, 2009 (1).

[94] 周兆媛, 张时煌, 高庆先, 李文杰, 赵凌美, 冯永恒, 徐明洁, 施蕾蕾. 京津冀地区气象要素对空气质量的影响及未来变化趋势分析 [J]. 资源科学, 2014, 36 (1).

［95］周珍，邢瑶瑶，孙红霞，蔡亚亚，于晓辉. 政府补贴对京津冀雾霾防控策略的区间博弈分析［J］. 系统工程理论与实践，2017，37（10）.

［96］Afgun U. R. S. , Pillai T. R. , Hashem I. A. T. , et al. A spatial feature engineering algorithm for creating air pollution health datasets［J］. International Journal of Cognitive Computing in Engineering, 2020, 1.

［97］Agarwal A. K. Biofuels（alcohols and biodiesel）applications as fuels for internal combustion engines［J］. Progress in Energy & Combustion Science, 2007, 33（3）.

［98］An Q. X. , Wen Y. , Ding T. , et al. Resource sharing and payoff allocation in a three-stage system: Integrating network DEA with the Shapley value method［J］. Omega, 2019, 85.

［99］Bai L. , He Z. J. , Li C. H. , et al. Investigation of yearly indoor/outdoor $PM_{2.5}$ levels in the perspectives of health impacts and air pollution control: Case study in Changchun, in the northeast of China［J］. Sustainable Cities and Society, 2020, 53.

［100］Baranitharan P. , Ramesh K. , Sakthivel R. Multi-attribute decision-making approach for Aegle marmelos pyrolysis process using TOPSIS and Grey Relational Analysis: Assessment of engine emissions through novel infrared thermography［J］. Journal of Cleaner Production, 2019, 234.

［101］Beelen R. , Raaschou-Nielsen O. , Stafoggia M. , et al. Effects of long-term exposure to air pollution on natural-cause mortality: An analysis of 22 European cohorts within the multicentre ESCAPE project［J］. The Lancet, 2014, 383（9919）.

［102］Bergmann S. , Li B. , Pilot E. , et al. Effect modification of the short-term effects of air pollution on morbidity by season: A systematic review and meta-analysis［J］. Science of the Total Environment, 2020, 716.

［103］Brook R. D. , Rajagopalan S. , Pope C. A. , et al. Particulate matter air pollution and cardiovascular disease: An update to the scientific statement from the American Heart Association［J］. Circulation, 2010, 121（21）.

［104］Burnett R. , Chen H. , Szyszkowicz M. , et al. Global estimates of mortality associated with long-term exposure to outdoor fine particulate matter ［J］. PNAS, 2018, 115 (38).

［105］Cai W. J. , Zhang C. , Suen H. P. , et al. The 2020 China report of the Lancet Countdown on health and climate change ［J］. The Lancet Public Health, 2021, 6 (1).

［106］Carnevale C. , Pisoni E. , Volta M. A multi-objective nonlinear optimization approach to designing effective air quality control policies ［J］. Automatica, 2008, 44 (6).

［107］Chang K. , Zhang C. , Chang H. Emissions reduction allocation and economic welfare estimation through interregional emissions trading in China: Evidence from efficiency and equity ［J］. Energy, 2016, 113.

［108］Chen X. , Wang T. , Qiu X. H. , et al. Susceptibility of individuals with chronic obstructive pulmonary disease to air pollution exposure in Beijing, China: A case-control panel study (COPDB) ［J］. Science of the Total Environment, 2020, 717.

［109］Chen X. Y. , Shao S. , Tian Z. H. , et al. Impacts of air pollution and its spatial spillover effect on public health based on China's big data sample ［J］. Journal of Cleaner Production, 2017, 142.

［110］Chen Z. J. , Cui L. L. , Cui X. X. , et al. The association between high ambient air pollution exposure and respiratory health of young children: Across sectional study in Jinan, China ［J］. Science of the Total Environment, 2019, 656.

［111］Cheung C. W. , He G. J. and Pan Y. H. Mitigating the air pollution effect? The remarkable decline in the pollution-mortality relationship in Hong Kong ［J］. Journal of Environmental Economics and Management, 2020, 101.

［112］Chestnut L. G. , Mills D. M. and Cohan D. S. Cost-benefit analysis in the selection of efficient multipollutant strategies ［J］. Air & Waste Management Association, 2006, 56 (4).

［113］Cohan D. S. , Boylan J. W. , Marmur A. , et al. An integrated framework for multipollutant air quality management and its application in Georgia [J]. Environmental Management, 2007, 40 (4).

[114] Cornell B. and French K. R. The pricing of stock index futures [J]. The Journal of Futures Markets, 1983, 3 (1).

[115] Daskalakis G. Temporal restrictions on emissions trading and the implications for the carbon futures market: Lessons from the EU emissions trading scheme [J]. Energy Policy, 2018, 115.

[116] Ding L. , Liu C. , Chen K. L. , et al. Atmospheric pollution reduction effect and regional predicament: An empirical analysis based on the Chinese provincial NO_x emissions [J]. Journal of Environmental Management, 2017, 196.

[117] GBD 2015 Mortality and Causes of Death Collaborators. Global, regional, and national life expectancy, all-cause mortality, and cause-specific mortality for 249 causes of death, 1980 – 2015: A systematic analysis for the Global Burden of Disease Study 2015 [J]. The Lancet, 2016, 388 (10053).

[118] GBD 2016 Risk Factors Collaborators. Global, regional, and national comparative risk assessment of 84 behavioural, environmental and occupational, and metabolic risks or clusters of risks, 1990 – 2016: A systematic analysis for the Global Burden of Disease Study 2016 [J]. The Lancet, 390 (10100).

[119] GBD 2019 Risk Factors Collaborators. Global burden of 87 risk factors in 204 countries and territories, 1990 – 2019: A systematic analysis for the Global Burden of Disease Study 2019 [J]. The Lancet, 2020, 396 (10258).

[120] Grineski S. E. , Herrera J. M. , Bulathsinhala P. , et al. Is there a Hispanic Health Paradox in sensitivity to air pollution? Hospital admissions for asthma, chronic obstructive pulmonary disease and congestive heart failure associated with NO_2 and $PM_{2.5}$ in El Paso, TX, 2005 – 2010 [J]. Atmospheric Environment, 2015, 8 (27): 119.

[121] Henschel S. , Atkinson R. , Zeka A. , et al. Air pollution interventions and their impact on public health [J]. International Journal of Public Health, 2012, 57 (5).

[122] Huang R. J. , Zhang Y. L. , Bozzetti C. , et al. High secondary aerosol contribution to particulate pollution during haze events in China [J]. Nature, 2014, 514 (7521).

[123] Janusz G. , Agnieszka W. Time-changed Ornstein-Uhlenbeck process [J]. Journal of Physics A: Mathematical and Theoretical, 2015, 48.

[124] Joltreau E. and Sommerfeld K. Why does emissions trading under the EU ETS not affect firms' competitiveness? Empirical findings from the literature [J]. Social Science Electronic Publishing, 2016.

[125] Kampa M. and Castanas E. Human health effects of air pollution [J]. Environmental Pollution, 2008, 151 (2).

[126] Kuerban M. , Waili Y. , Fan F. , et al. Spatio-temporal patterns of air pollution in China from 2015 to 2018 and implications for health risks [J]. Environmental Pollution, 2020, 258.

[127] Li C. M. , Wang H. X. , Xie X. Q. , et al. Tiered transferable pollutant pricing for cooperative control of air quality to alleviate cross-regional air pollution in China [J]. Atmospheric Pollution Research, 2018, 9 (5).

[128] Li H. , Liu Z. F. , Liu Y. Y. , et al. Research on evaluation method of power grid scale based on grey correlation analysis [J]. Proceedings of the 1st International Symposium on Economic Development and Management Innovation (EDMI 2019), 2019.

[129] Li J. , Guttikunda S. K. , Carmichael G. R. , et al. Quantifying the human health benefits of curbing air pollution in Shanghai [J]. Journal of Environmental Management, 2004, 70 (1).

[130] Lim S. S. , Vos T. , Flaxman A. D. , et al. A comparative risk assessment of burden of disease and injury attributable to 67 risk factors and risk factor clusters in 21 regions, 1990−2010: A systematic analysis for the Global Burden of Disease Study 2010 [J]. The Lancet, 2012, 380 (9859).

[131] Lin Z. J. , Meng X. , Chen R. J. , et al. Ambient air pollution, temperature and kawasaki disease in Shanghai, China [J]. Chemosphere, 2017, 186.

［132］Liu H. X. and Lin B. Q. Cost-based modelling of optimal emission quota allocation ［J］. Journal of Cleaner Production, 2017, 149.

［133］Liu X. N., Wang B., Du M. Z., et al. Potential economic gains and emissions reduction on carbon emissions trading for China's large-scale thermal power plants ［J］. Journal of Cleaner Production, 2018, 204.

［134］Liu Z. X., ZhaoL. J., Wang C. C., et al. An actuarial pricing method for air quality index options ［J］. International Journal of Environmental Research and Public Health, 2019, 16 (24).

［135］Lu Y. L., Wang Y., Wang L. K., et al. Provincial analysis and zoning of atmospheric pollution in China from the atmospheric transmission and the trade transfer perspective ［J］. Journal of Environmental Management, 2019, 249.

［136］Lu Z. N., Chen H. Y., Hao Y., et al. The dynamic relationship between environmental pollution, economic development and public health: Evidence from China ［J］. Journal of Cleaner Production, 2017, 166.

［137］Ma Y. X., Zhao Y. X., Yang S. X., et al. Short-term effects of ambient air pollution on emergency room admissions due to cardiovascular causes in Beijing, China ［J］. Environmental Pollution, 2017, 230.

［138］Maji S., Ghosh S. and Ahmed S. Association of air quality with respiratory and cardiovascular morbidity rate in Delhi, India ［J］. International Journal of Environmental Health Research, 2018, 28 (5).

［139］Mayer H., Rathgeber A. and Wanner M. Financialization of metal markets: Does futures trading influence spot prices and volatility? ［J］. Resources Policy, 2017, 53.

［140］McNeill V. F. Addressing the global air pollution crisis: Chemistry's role ［J］. Trends in Chemistry, 2019, 1 (1).

［141］Michael R. D. The bubble concept ［J］. Environmental Science & Technology, 1979, 13 (3).

［142］Neira M. and Prüss-Ustün A. Preventing disease through healthy environments: A global assessment of the environmental burden of disease ［J］. Toxicology Letters, 2016, 259.

[143] Ning Y. , Degang J. , Shuang J. L. The application of Pearson correlational analysis method in air quality analysis of Beijing-Tianjin-Hebei region [J]. Agricultural Science and Technology, 2015, 16.

[144] Özener O. Ö. and Ergun Ö. Allocating costs in a collaborative transportation procurement network [J]. Transportation Science, 2008, 42 (2).

[145] Pisoni E. and Volta M. Modeling Pareto efficient PM_{10} control policies in Northern Italy to reduce health effects [J]. Atmospheric Environment, 2009, 43 (20).

[146] Pope Ⅲ C. A. , Ezzati M. and Dockery, D. W. Fine-particulate air pollution and life expectancy in the United States [J]. New England Journal of Medicine, 2009, 360 (4).

[147] Ravina M. , Panepinto D. and Zanetti M. C. DIDEM-An integrated model for comparative health damage costs calculation of air pollution [J]. Atmospheric Environment, 2017, 173.

[148] Rico-Ramirez V. , Lopez-Villarreal F. , Hernandez-Castro S. , et al. A mixed-integer programming model for pollution trading [J]. Computer Aided Chemical Engineering, 2011, 29 (2).

[149] Roth A. E. and Shapley L. S. The Shapley Value: Essays in Honor of Lloyd S. Shapley [M]. London: Cambridge University Press, 1991.

[150] Rovira J. , Domingo J. L. and Schuhmacher M. Air quality, health impacts and burden of disease due to air pollution (PM_{10}, $PM_{2.5}$, NO_2 and O_3): Application of AirQ + model to the Camp de Tarragona County (Catalonia, Spain) [J]. Science of the Total Environment, 2020, 703.

[151] Sarraf F. and Nejad S. H. Improving performance evaluation based on balanced scorecard with grey relational analysis and data envelopment analysis approaches: Case study in water and wastewater companies [J]. Evaluation and Program Planning, 2020, 79.

[152] Schikowski T. , Vossoughi M. , Vierkotter, A. , et al. Association of

air pollution with cognitive functions and its modification by APOE gene variants in elderly women [J]. Environmental Research, 2015, 142.

[153] ŞengülÜ., Eren M., Shiraz S. E., et al. Fuzzy TOPSIS method for ranking renewable energy supply systems in Turkey [J]. Renewable Energy, 2015, 75.

[154] Shaban H. I., Elkamel A., and Gharbi R. An optimization model for air pollution control decision making [J]. Environmental Modelling and Software, 1997, 12 (1).

[155] Shou Y. K., Huang Y. L., Zhu X. Z., et al. A review of the possible associations between ambient $PM_{2.5}$ exposures and the development of Alzheimer's disease [J]. Ecotxicology and Environmental Safety, 2019, 174.

[156] Silva D. F. L., Ferreira L., Almeida-Filho A. T. A new preference disaggregation TOPSIS approach applied to sort corporate bonds based on financial statements and expert's assessment [J]. Expert Systems with Applications, 2020, 152.

[157] Singh K. R., Dutta R., Kalamdhad, et al. Risk characterization and surface water quality assessment of Manas River, Assam (India) with an emphasis on the TOPSIS method of multi-objective decision making [J]. Springer Berlin Heidelberg, 2018, 77 (23).

[158] Song Y., Li Z. R., Yang T. T., et al. Does the expansion of the joint prevention and control area improve the air quality? — Evidence from China's Jing-Jin-Ji region and surrounding areas [J]. Science of the Total Environment, 2020, 706.

[159] Sui G. Y., Liu G. C., Jia L. Q., et al. The association between ambient air pollution exposure and mental health status in Chinese female college students: A cross-sectional study [J]. Environmental Science and Pollution Research, 2018, 25 (28).

[160] Tang D. L., Wang C. C., Nie J. S., et al. Health benefits of improving air quality in Taiyuan, China [J]. Environment International, 2014, 73.

［161］ Tang J. , Zhu H. L. , Liu Z. , et al. Urban sustainability evaluation under the modified TOPSIS based on grey relational analysis ［J］. International Journal of Environmental Research and Public Health, 2019, 16 (2).

［162］ Taylan O. , O. Bafail A. , Abdulaal R. , et al. Construction projects selection and risk assessment by fuzzy AHP and fuzzy TOPSIS methodologies ［J］. Applied Soft Computing Journal, 2014, 17.

［163］ Tsai M. S. , Chen M. H. , Lin C. C. , et al. Children's environmental health based on birth cohort studies of Asia (2) ─Air pollution, pesticides, and heavy metals ［J］. Environmental Research, 2019, 179.

［164］ Voorhees A. S. , Wang J. , Wang C. , et al. Public health benefits of reducing air pollution in Shanghai: A proof-of-concept methodology with application to BenMAP ［J］. Science of the Total Environment, 2014, (1).

［165］ Wang H. , Pan X. , Lin G. Effects of SO_2 on mortality of cardiovascular diseases in Shenyang ［J］. Journal of Environmental Health, 2002, 19 (1).

［166］ Wang H. , Pan X. , Lin G. Effects of SO_2 on mortality of respiratory diseases in Shenyang ［J］. Journal of Environemntal Health, 2008, 24 (10).

［167］ Wang H. B. and Zhao L. J. A joint prevention and control mechanism for air pollution in the Beijing-Tianjin-Hebei region in China based on long-term and massive data mining of pollutant concentration ［J］. Atmospheric Environment, 2018, 174.

［168］ Wang J. , Ning M. , Sun Y. Study on theory and methodology about joint prevention and control of regional air pollution ［J］. Environment and Sustainable Development, 2012, 5.

［169］ Wang Q. , Liu Q. , Shao M. , et al. Regional air quality management in China: A case study in the Pearl River Delta ［J］. Energy & Environment, 2013, 24 (7 – 8).

［170］ Wang S. J. , Zhao L. J. , Yang Y. , et al. A joint control model based on emission rights futures trading for regional air pollution that accounts for the impacts on employment ［J］. Sustainability, 2019, 11 (21).

[171] Wang X. Y. , Wang W. C. , Jiao S. L. , et al. The effects of air pollution on daily cardiovascular diseases hospital admissions in Wuhan from 2013 to 2015 [J]. Atmospheric Environment, 2018, 182.

[172] Wu D. , Xu Y. and Zhang S. Q. Will joint regional air pollution control be more cost-effective? An empirical study of China's Beijing-Tianjin-Hebei region [J]. Journal of Environmental Management, 2015, 149.

[173] Wu D. W. , Fung J. C. H. , Yao T. , et al. A study of control policy in the Pearl River Delta Region by using the particulate matter source apportionment method [J]. Atmospheric Environment, 2013, 76.

[174] Wu L. F. , Liu S. F. , Yao L. G. , et al. Grey convex relational degree and its application to evaluate regional economic sustainability [J]. Scientia Iranica, 2013, 20 (1).

[175] Wu Q. , Ren H. B. , Gao W. J. , et al. Profit allocation analysis among the distributed energy network participants based on game-theory [J]. Energy, 2016, 118.

[176] Xie P. , Liu X. , Liu Z. , et al. Human health impact of exposure to airborne particulate matter in Pearl River Delta, China [J]. Water, Air, & Soil Pollution, 2011, 215 (1).

[177] Xie Y. J. , Zhao L. J. , Xue J. , et al. A cooperative reduction model for regional air pollution control in China that considers adverse health effects and pollutant reduction costs [J]. Science of the Total Environment, 2016, 573.

[178] Xie Y. J. , Zhao L. J. , Xue J. , et al. Methods for defining the scopes and priorities for joint prevention and control of air pollution regions based on data-mining technologies [J]. Journal of Cleaner Production, 2018, 185.

[179] Xu X. , Wang G. B. , Chen N. , et al. Long-term exposure to air pollution and increased risk of membranous nephropathy in China [J]. Journal of the American Society of Nephrology, 2016 (27).

[180] Xue J. , Guo N. , Zhao L. J. , et al. A cooperative inter-provincial model for energy conservation based on futures trading [J]. Energy, 2020, 212.

［181］ Xue J. , Ji X. Q. , Zhao L. J. , et al. Cooperative econometric model for regional air pollution control with the additional goal of promoting employment ［J］. Journal of Cleaner Production, 2019, 237.

［182］ Xue J. , Xu Y. , Zhao L. J. , et al. Air pollution option pricing model based on AQI ［J］. Atmospheric Pollution Research, 2019, 10 (3).

［183］ Xue J. , Zhao L. J. , Fan L. Z. , et al. An interprovincial cooperative game model for air pollution control in China ［J］. Air Repair, 2015, 65 (7).

［184］ Xue J. , Zhao S. N. , Zhao L. J. , et al. Cooperative governance of interprovincial air pollution based on a Black-Scholes options pricing model ［J］. Journal of Cleaner Production, 2020, 277.

［185］ Yang B. Y. , Guo Y. M. , Morawska L. , et al. Ambient PM_1 air pollution and cardiovascular disease prevalence: Insights from the 33 Communities Chinese Health Study ［J］. Environment International, 2019, 123.

［186］ Yang Z. Y. , Hao J. Y. , Huang S. Q. , et al. Acute effects of air pollution on the incidence of hand, foot, and mouth disease in Wuhan, China ［J］. Atmospheric Environment, 2020, 225.

［187］ Yu Q. Y. , Xie J. , Chen X. Y. , et al. Loss and emission reduction allocation in distribution networks using MCRS method and Aumann-Shapley value method ［J］. IET Generation, Transmission, Distribution, 2018, 12 (22).

［188］ Zeng A. , Mao X. , Tao H. , et al. Regional co-control plan for local air pollutants and CO_2, reduction: Method and practice ［J］. Journal of Cleaner Production, 2016, 140.

［189］ Zhang B. , Cao C. , Hughes R. M. , et al. China's new environmental protection regulatory regime: Effects and gaps ［J］. Journal of Environmental Management, 2016, 187.

［190］ Zhang M. , Song Y. and Cai X. H. A health-based assessment of particulate air pollution in urban areas of Beijing in 2000 – 2004 ［J］. Science of the Total Environment, 2007, 376 (1).

［191］ Zhao G. F. , Huo Y. J. , Zhang Z. F. , et al. Analysis of key environmental impact factors based on fuzzy clustering and grey T's correlation degree method [J]. IOP Conference Series: Materials Science and Engineering, 2019, 472 (1).

[192] Zhao L. J. Model of collective cooperation and reallocation of benefits related to conflicts over water pollution across regional boundaries in a Chinese river basin [J]. Environmental Modelling & Software, 2009, 24 (5).

[193] Zhao L. J., Li C. M., Huang R. B., et al. Harmonizing model with transfer tax on water pollution across regional boundaries in a China's lake basin [J]. European Journal of Operation Research, 2013, 225.

[194] Zhao L. J., Qian Y., Huang R. B., et al. Model of transfer tax on transboundary water pollution in China's river basin [J]. Operations Research Letters, 2012, 40 (3).

[195] Zhao L. J., Wang C. C., Yang Y., et al. An options pricing method based on the atmospheric environmental health index: An example from SO_2 [J]. Environmental Science and Pollution Research, 2021.

[196] Zhao L. J., Xue J., Gao H. O., et al. A model for interprovincial air pollution control based on futures prices [J]. Journal of the Air & Waste Management Association, 2014, 64 (5).

[197] Zhao L. J., Yuan L. F., YangY., et al. A cooperative governance model for SO_2 emission rights futures that accounts for GDP and pollutant removal cost [J]. Sustainable Cities and Society, 2021, 66.

[198] Zhao X. G., Jiang G. W., Nie D., et al. How to improve the market efficiency of carbon trading: A perspective of China [J]. Renewable and Sustainable Energy Reviews, 2016, 59.

[199] Zhu W. T., Cai J. J., Hu Y. C., et al. Long-term exposure to fine particulate matter relates with incident Myocardial Infarction (MI) risks and post-MI mortality: A meta-analysis [J]. Chemosphere, 2021, 267.